黄瓜作物的

良好农业规范

Good agricultural practices

for cucumber crops

王 胤　曹金娟　张艳萍 ▣ 主编

U0232272

中国农业科学技术出版社

黄瓜作物的良好农业规范

编委会

主　　　编	王　胤	曹金娟	张艳萍	
副　主　编	李云龙	孙　海	胡　彬	王晓青
	郑建秋	王俊侠	祝　宁	苏　铁
	吴兴彪	王　萌	李作明	黄耀辉
	杨兴超	孙兴民	黄　洁	王　利
	文方芳	刘自飞		
其他参编人员	苏秋芳	邱　端		

在蒙特利尔议定书多边基金和意大利政府资助下，农业农村部、环境保护部、联合国工业发展组织于 2008 年 5 月共同启动实施了"农业行业甲基溴淘汰项目"，旨在通过开展农业甲基溴替代技术的培训、示范、宣传和推广等一系列活动，让农民接受甲基溴替代技术，从而逐步在中国农业行业淘汰甲基溴。

我国是黄瓜生产大国，种植面积和产量均居世界第一，因其经济效益高已成为种植业中的特色产业。但很多地区由于多年重茬种植黄瓜导致菌核病、枯萎病、根结线虫等土传病害问题突出，为减少土传病害造成的损失，保障产量，黄瓜定植前进行土壤消毒已成为生产中一项重要的技术措施，应用面积不断扩大。本书编者于 2014 年承担了"农业行业甲基溴淘汰项目"的"作物良好农业规范制作"子项目，在研究当前土壤消毒技术进展的基础上，在北京郊区开展了太阳能消毒、辣根素生物熏蒸、臭氧处理、无土栽培等非化学替代技术，以及氯化苦、棉隆等化学替代技术的示范，较好地控制了土传病害的发生和危害，为替代甲基溴提供了多种土壤消毒选择方式。

按照国家标准 GB/T20014《良好农业规范》的要求，作者针对黄瓜生产特点，选取规模化黄瓜生产基地，对土壤管理、种苗处理、栽培管理、灌溉与施肥、病虫害控制、采收、生产记录、销售、环境卫生、

废弃物管理、工人健康等关键控制点进行了符合规范的田间示范和信息收集。

本书在总结生产实践经验的基础上，参阅了国内外有关文献，详细介绍了设施黄瓜种植良好农业规范的控制点与符合规范的生产技术和管理要求，可为黄瓜生产企业和农民朋友提供参考，也可供广大农技人员查阅使用。

本书的编写和出版，得到了农业农村部科技教育司、农业农村部农业生态与资源保护总站、环境保护部环境保护对外合作中心、中国农业科学院植物保护研究所等有关单位领导和专家的大力支持及蒙特利尔议定书多边基金资助，得到了北京市创新团队果类蔬菜团队项目、农业部蜜蜂授粉和病虫害绿色防控技术集成示范项目的支持。在此深表感谢！

由于编者水平有限，书中难免有错漏之处，敬请读者批评指正。

编　者

2018 年 2 月 26 日

目 录

第一章
黄瓜作物种植概述

　　黄瓜（*Cucumis sativus* L.）是葫芦科（Cucurbitaceae）黄瓜属（*Cucumis*）一年蔓生草本植物，原产于喜马拉雅山南麓的印度北部地区，别名胡瓜。黄瓜口感脆嫩、汁多味甘、芳香可口，其营养价值，每 100 g 黄瓜所含热量 15.00 kcal、蛋白质 0.8 g、脂肪 0.2 g、碳水化合物 2.9 g、钙 24 mg、铁 0.5 mg、锌 0.18 mg、硒 0.38 mg。另外含有大量维生素、胡萝卜素等营养物质，容易被吸收，是一类营养价值较高的蔬菜。据《本草纲目》记载，黄瓜"气味甘寒有小毒……清热、解渴、利水道"，具有较好的药用价值，新鲜黄瓜中含有的丙醇二酸，能有效抑制糖类物质转化为脂肪，常吃黄瓜可以减肥和预防冠心病的发生，黄瓜中含有的葫芦素 C、黄瓜酶、各类氨基酸、葡萄糖甙和维生素 B_1 等物质，可提高人体免疫功能，有抗肿瘤、抗衰老、降血糖和健脑安神的效果。

一、世界黄瓜种植情况

　　黄瓜的驯化栽培开始于古埃及第 12 王朝时期（公元前 1750 年），古希腊、罗马时代人们已对黄瓜有所了解。公元 1 世纪传入小亚细亚、

北非等地。古代罗马进行人工加速栽培。此后，黄瓜又传入欧洲中部和西部，9 世纪传入法国，接着从东欧传到俄国。14 世纪初英国才开始种植，欧洲的移民在 17 世纪才将黄瓜带入美洲大陆。印度在 3 000年前开始栽培黄瓜，随后从喜马拉雅山传入中东。黄瓜在亚洲主要向中国和日本传播，日本在 10 世纪开始有相关栽培黄瓜的记录。

据国际国内统计综合分析，截至 2009 年世界黄瓜的栽培面积为195.8 万 hm^2，年产量超过 6 000 万 t。其中，亚洲的黄瓜种植主要分布在中国、日本和韩国，欧洲黄瓜种植多分布于荷兰、英国和法国等，美国是北美洲黄瓜种植面积较大的国家。种植国家中，中国自 1970 年以来，黄瓜产量高居世界首位，但单位面积产量与发达国家差距较大。我国黄瓜种植发展至 2009 年，单产为 42.7 t/hm^2，仅占英国黄瓜单产的 1/11，是黄瓜单产量最大国荷兰的 5.89%，与邻国日本和韩国相比也有一定差距（图 1–1、图 1–2、表 1–1）。

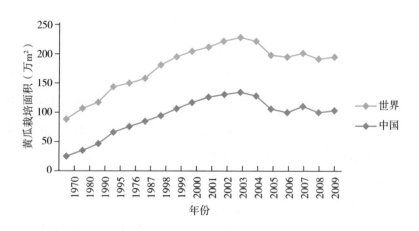

图 1–1　世界及中国黄瓜栽培面积

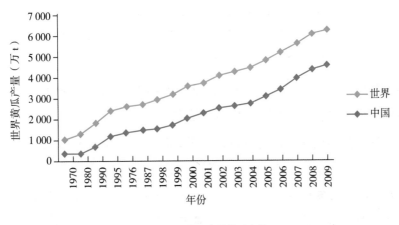

图 1-2　世界及中国黄瓜产量

二、中国黄瓜种植情况

（一）发展历史

中国云南被认为是黄瓜的次生起源中心，已有 2 000 多年的栽培历史，是我国主要的蔬菜作物。近年来，随着农业产业结构调整及经济的快速发展，为实现黄瓜周年生产，提高黄瓜收益，我国黄瓜的栽培情况发生了很大变化，具体变现在：面积不断扩大、品种更加丰富、茬口划分越发精细。过去我国黄瓜栽培地区主要集中在山东、海南、河南等气候条件和自然环境较好的省份，而随着保护地栽培面积的扩大，甘肃、广东、广西壮族自治区（以下简称广西）、新疆维吾尔族自治区（以下简称新疆）、内蒙古自治区（以下简称内蒙古）和东北地区等省区黄瓜种植迅速发展。栽培模式有露地栽培、小拱棚栽培、春秋棚栽培、连栋温室栽培和日光温室栽培等。

据 FAO 统计资料显示，截至 2009 年，我国黄瓜的栽培面积为 103.7 万 hm^2，是 1970 年栽培面积的近 4.3 倍，从 1970—2003 年，黄

瓜栽培面积逐年增加，2003 年黄瓜栽培面积最大为 135.3 万 hm²。2004—2009 年间，黄瓜的栽培面积稍有波动，但也稳定维持在 100 万 hm² 左右。我国黄瓜总产量从 1970—2009 年稳步增长，2009 年总产量 4 425 万 t，是 1970 年 301 万 t 的 14.7 倍。1990—1995 年间，黄瓜增产速度最快，5 年间黄瓜增产 70.5%。

表 1-1 世界主要国家黄瓜单位面积产量统计（t/hm²）

年份	世界	中国	法国	荷兰	美国	英国	韩国	日本
1970	11.6	12.4	20.1	166.1	10.0	208.2	11.9	30.6
1980	12.1	11.3	25.4	25.8	12.1	238.7	7.5	40.2
1990	15.1	15.0	70.4	448.1	12.7	389.0	31.1	46.1
1995	16.6	17.5	88.5	633.1	14.1	448.5	39.5	48.6
1996	17.0	17.7	95.7	631.4	14.6	428.0	50.0	48.4
1997	16.8	16.7	108.7	692.9	16.7	410.0	50.0	49.9
1998	15.7	15.8	116.1	635.7	16.2	420.1	51.7	46.6
1999	115.8	15.7	117.8	640.8	16.6	420.1	54.4	47.9
2000	16.9	117.1	123.6	621.2	17.4	448.3	62.4	50.4
2001	17.0	17.3	137.3	643.9	16.2	430.7	64.8	49.7
2002	17.7	18.5	147.9	658.1	16.0	435.5	67.3	50.6
2003	18.1	18.5	149.2	672.9	15.3	558.0	66.9	48.5
2004	19.2	20.4	152.8	698.2	15.2	472.3	67.6	49.1
2005	23.4	28.5	185.6	697.3	14.6	499.2	68.9	50.4
2006	25.5	33.0	173.9	733.3	14.7	500.0	66.7	48.0
2007	26.9	34.5	178.1	716.7	15.1	479.2	67.5	50.1
2008	30.4	41.9	186.1	708.3	15.8	475.0	68.2	50.2
2009	30.9	42.7	191.8	725.0	15.2	475.0	69.0	50.0

（二）鲜或冷藏黄瓜或小黄瓜贸易概况

据海关数据统计资料，我国是鲜或冷藏黄瓜或小黄瓜的出口大国，进口规模较小。2016年我国鲜或冷藏黄瓜或小黄瓜出口数量为7 340 t，出口金额约3 500万美元，2017年出口数量较2016年增长750 t，出口金额达到4 600万美元（表1-2）。

表1-2 2016—2017年中国鲜或冷藏黄瓜或小黄瓜贸易情况

年份	进口		出口	
	数量（kg）	金额（美元）	数量（kg）	金额（美元）
2016	755	2 019	73 409 108	35 286 103
2017	708	1 166	80 936 697	46 553 036

据海关数据统计资料，我国鲜或冷藏黄瓜或小黄瓜的进出口贸易国和地区主要为俄罗斯、中国香港、蒙古国、吉尔吉斯斯坦、哈萨克斯坦共和国和中国澳门等。2016年和2017年，中国香港是鲜或冷藏黄瓜或小黄瓜进出口量最大的地区，两年进出口总量达9 200 t，俄罗斯是进出口金额最高的国家，两年进出口总金额为5 000万美元（表1-3）。

据海关数据统计资料，我国山东、黑龙江、广东、云南、辽宁、内蒙古和新疆是鲜或冷藏黄瓜或小黄瓜贸易大省（区），2016年和2017年，广东省鲜或冷藏黄瓜或小黄瓜贸易量最大，分别为4 329 t和4 408 t，山东省鲜或冷藏黄瓜或小黄瓜贸易额最高，分别为1 216万美元和1 482万美元，云南省2016—2017年鲜或冷藏黄瓜或小黄瓜贸易量和贸易额增长最快，贸易量增长176.09%，贸易额增长203.03%（数据来源海关信息网）（表1-4）。

表 1-3　2016—2017 年中国鲜或冷藏黄瓜或小黄瓜主要贸易国家及地区

2016 年			2017 年		
国家 / 地区	数量（kg）	金额（美元）	国家 / 地区	数量（kg）	金额（美元）
俄罗斯	22 882 717	23 939 062	俄罗斯	25 618 995	26 804 577
中国香港	43 920 038	9 048 518	中国香港	48 928 078	17 508 672
蒙古国	3 605 900	853 463	蒙古	3 083 320	726 181
吉尔吉斯斯坦	703 998	698 092	哈萨克斯坦	803 579	552 645
哈萨克斯坦	506 637	379 748	吉尔吉斯斯坦	497 695	547 304
中国澳门	1 775 328	347 218	中国澳门	1 920 304	371 402
马尔代夫	3 972	9 625	朝鲜	58 799	24 716
泰国	7 520	7 555	越南	11 530	6 840
加拿大	755	2 019	马来西亚	3 299	4 507
越南	1 240	1 088	柬埔寨	4 818	2 648

表 1-4　2016—2017 年我国鲜或冷藏黄瓜或小黄瓜主要贸易省份

2016 年			2017 年		
省 / 自治区	数量（kg）	金额（美元）	省 / 自治区	数量（kg）	金额（美元）
山东	10 767 909	12 162 174	山东	13 431 232	14 826 268
黑龙江	10 451 112	10 070 916	云南	6 505 431	11 536 427
广东	43 293 336	5 487 506	黑龙江	9 947 991	10 218 106
云南	2 356 300	3 807 016	广东	44 088 316	5 875 277
内蒙古	3 984 980	1 210 295	辽宁	1 108 111	1 233 031
辽宁	803 340	994 651	新疆	1 213 829	1 006 730
新疆	1 052 427	924 338	内蒙古	3 165 345	840 213
河北	144 718	180 752	湖南	243 121	370 036
甘肃	158 720	153 414	湖北	799 446	355 435
陕西	187 308	130 748	甘肃	97 865	97 865

第二章

甲基溴替代品及土壤管理

一、关于甲基溴

（一）作用

甲基溴（Methyl Bromide），又称溴甲烷，是一种卤代烃类熏蒸剂，由于具有良好的扩散性和渗透性，能快速杀灭绝大多数生物（真菌、细菌、病毒、线虫、昆虫、螨类等），19世纪40年代以来作为一种高效、广谱熏蒸剂被广泛用于土壤处理、植物检疫、仓库和运输工具消毒，其中70%以上用于土壤处理。

中国1953年开始应用甲基溴熏蒸棉籽，随后大量用于口岸检疫处理。1994年以前，我国甲基溴多用于检疫处理及储藏物保护。随着设施蔬菜种植的兴起，开始作为土壤熏蒸剂使用，随后使用量大幅上升。此后由于蔬菜连年种植导致土传病害发生严重，如不进行土壤处理连作栽培一般减产30%～60%，严重地块甚至绝收。因此，甲基溴土壤处理在设施蔬菜种植区域尤其是经济价值较高的设施蔬菜种植区域得到快速推广应用。中国目前有三家公司登记生产甲基溴，分别是江苏省连云港死海溴化物有限公司、浙江省临海市建新化工有限公司、山东省昌邑市化工厂。主要用途为姜、烟草（苗床）土壤处理，以及食

品、种子和粮食的熏蒸。尽管如此，相对美国、意大利、日本、以色列、西班牙等国家，中国的甲基溴消费量在世界上所占比重较低。

（二）淘汰行动

甲基溴含有溴原子，对臭氧层有巨大破坏作用，而臭氧层能够吸收太阳光中的紫外线，保护地球上的所有生物免受伤害。1989年，联合国环境规划署指导签订了《蒙特利尔议定书》（以下简称《议定书》），规定了各签约国限制受控物质，以保护大气层。1992年，《议定书》正式将甲基溴列为受控物质。1997年，《议定书》决定发达国家和发展中国家分别于2005年和2015年全面淘汰甲基溴。

中国于1991年正式加入《议定书》，2003年4月中国政府正式签署《哥本哈根修正案》，成为世界上第142个签署该修正案的国家。自2000年左右开始替代技术的研究，同时积极学习美国、日本、意大利等国家的替代技术，通过建立国际间项目合作，将最新技术引进中国，逐步降低甲基溴用量。中国农业行业甲基溴淘汰项目于2006年启动，农业部与环境保护部于2006年6月签署了工作备忘录，由双方共同负责农业行业甲基溴淘汰计划的实施和管理。2004年以来，通过使用各种甲基溴替代技术，中国甲基溴用量逐年降低，2015年将全面禁止使用（图2-1），装运前检疫消毒及必要用途豁免。

二、甲基溴替代品

2000年以来中国开展了一系列甲基溴替代技术研究与试验示范。根据替代品属性或作用方式分为非化学替代品和化学替代品。非化学替代品包括太阳能消毒、生物熏蒸、臭氧处理、无土栽培；化学替代品包括氯化苦、棉隆。

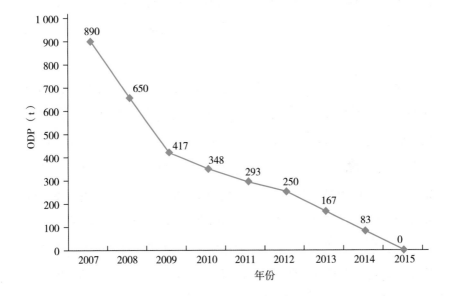

图2-1　中国农业行业甲基溴淘汰进度

注：数据引自《土壤消毒原理与应用》（曹坳程，王久臣主编，2015年）

（一）非化学替代品

1. 太阳能消毒

在设施蔬菜收获后的空棚期，中国北方通常为6—8月，外界气温较高，晴好天气较多，太阳照射较强，借助棚室的棚膜长时间密闭将太阳光产生的热能不断蓄积，同时将棚内土壤用透明或黑色塑料膜密闭覆盖，使土壤内温度不断上升，对土壤中病、虫、杂草等各种有害生物长时间保持较高的抑制或杀灭温度，通过有效抑制或杀灭积温将土壤中病、虫、杂草等各种有害生物彻底杀灭。

操作过程如下。

（1）添加粉碎后的新鲜大田作物秸秆或生的畜禽粪便，秸秆用量约 1 000 kg/667 m²，畜禽粪便约 4 m³/667 m²。

（2）深翻土壤 30 cm 以上。

（3）做南北向，高 40 ～ 50 cm，宽 50 ～ 60 cm，垄距 100 ～ 120 cm 的高垄（图 2-2）。

（4）地块四周挖宽 6 ～ 10 cm，高 5 ～ 8 cm 的压膜沟。

（5）整体覆膜，将膜的东、北、西或东、南、西三边先压实密闭，留一边最后封闭，便于给垄沟内灌水（图 2-3）。

（6）向垄沟内灌足够量的水（水深超过垄高 2/3）。

（7）封闭灌水边塑料膜并压实。

（8）关闭棚室所有通风口和门窗，连续密闭闷棚 7 ～ 50 d，根据天气状况决定闷棚时间长短。

（9）大量施入生物菌肥，补充有益微生物，恢复并维持良好土壤生态环境。

图 2-2　太阳能消毒（做高垄）

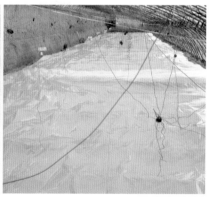

图 2-3　太阳能消毒（整体覆膜）

2. 生物熏蒸

生物熏蒸是利用植物有机质在分解过程中产生的挥发性杀生气体抑制或杀死土壤中的有害生物的方法。许多十字花科植物中含有的硫代葡萄糖苷可以形成挥发性及杀生性很强的异硫氰酸酯，从而对土壤病原物产生熏蒸作用；含氮量高的有机物或几丁质含量高的海洋生物能产生氨，杀死根结线虫；此外，生物熏蒸还能有效提高土壤有机质含量，增加土壤肥力。

生物熏蒸方法比较简单，一般是选择好时间后，将土地深耕，使土壤平整疏松，将用作熏蒸的植物残渣粉碎，或用家畜粪便、海产品，也可相互按一定比例混合均匀洒在土壤表面之后浇足水，然后覆盖透明塑料薄膜。为了取得较好效果，最好在晴天光照时间长，环境温度高时操作，这样有利于反应，同时要求具有一定湿度，便于植物残渣等物质的水解，加入粪肥要适量，防止出现烧苗等情况。最好结合太阳能高温消毒，可更有效地发挥消毒灭菌作用。

除直接利用植物等有机物进行生物熏蒸外，还可以利用生物熏蒸剂进行土壤处理。生物熏蒸剂是利用十字花科、菊科等植株残体浸泡、萃取或仿生合成具有较高含量和纯度对有害生物具有较高杀灭活性的生物熏蒸剂产品。目前国内文献报道的生物熏蒸剂品种很有限，笔者对20%辣根素水乳剂土壤熏蒸效果进行了研究（图2-4、图2-5）。处理方法如下。

（1）设施土壤起垄后，用完整的塑料膜覆盖地表，四周用土压实，防止辣根素气体挥发遗漏。

（2）打开滴灌阀门，清水滴灌 30 min 左右，关闭阀门。

（3）在施肥罐中按照 20% 辣根素水乳剂 $3 \sim 5$ L/667m^2 的用量配备适量溶液，并打开滴灌阀门直到水量适合为止。

（4）密闭地膜 3 d，揭开地膜 1 ～ 2 d 即可播种或定植作物。

图 2-4　辣根素水乳剂

图 2-5　辣根素滴灌施药

3. 臭氧处理

臭氧在常温下比空气重 1.7 倍，微溶于水，具有很强的氧化性等，它的消毒灭害作用与浓度和时间呈正相关，杀菌能力为氯的 600 ～ 3 000 倍，土壤颗粒在臭氧长时间持续作用下可以将其中的病菌及其他有害生物杀灭或抑制。同时还可起到分解土壤中有毒有害物质，净化土壤环境的作用。

臭氧土壤处理是通过自控臭氧消毒常温烟雾施药机来完成的，用它连续不断地将一定浓度的臭氧气体释放到被处理的土壤表面，不断地沿土壤颗粒间歇向深层渗透，杀灭土壤中的多种病菌及有害生物。

臭氧土壤处理实施操作过程如下（图 2-6）。

（1）深翻土地 35 cm 以上，精细破碎土壤颗粒。

（2）适当喷水或洒水，调节土壤湿度达 60% ～ 70%，即手捏成团，自由落地就散。

（3）做南北向，高为 40 ～ 50 cm，宽为 50 ～ 60 cm，垄距为 100 ～ 120 cm 的高垄，离垄南端和垄北端约 1 m 处分别错位挖开宽

图 2-6　臭氧土壤处理（右侧为臭氧发生器）

50 ～ 60 cm，深为 40 ～ 50 cm 的小缺口，使臭氧气在覆膜后由通入口方向顺垄沟通过南北错位的缺口从一个垄沟向相邻垄沟流动扩散，最后由出气管出，形成臭氧熏蒸循环回路。

（4）整体密闭覆盖较厚塑料透明膜，将四周压实，在棚室两端的第一条垄沟分别设置臭氧气通入口和输出口，以便通过管道和臭氧发生器连接。

（5）连接臭氧发生器的循环软管，使臭氧发生器、臭氧输出管、膜下垄沟、臭氧气回流管形成循环通路。

（6）设置臭氧发生器，启动臭氧发生器，持续通入臭氧气体，保持自动连续循环熏蒸 18 ～ 24 h。

（7）由于臭氧渗透能力较弱，必要时揭膜后再熏蒸处理一次。翻动处理的土壤，适当喷水，保持适宜的土壤湿度，垄变沟、沟变垄，使垄沟内部未处理土壤翻到表面，便于熏蒸处理。

（8）处理结束后，大量施入生物菌肥，补充有益微生物，维持良好土壤生态环境。

4. 无土栽培

无土栽培是将黄瓜种植在无土的生长基质中，这种栽培方式可有效解决土传病害日趋严重、土壤盐渍化、植物自毒物质积累、土壤元素平衡破坏等疑难问题，为黄瓜生长创造良好的根际环境和空间环境。黄瓜无土栽培中以固体基质为主。目前应用效果较好的基质包括草炭、蛭石、珍珠岩、沙子、锯末、菇渣、秸秆、椰糠等。对基质的评价主要从孔隙度、pH 值、可利用水量、产量、养分平衡性等几方面展开（图 2-7）。

图 2-7　无土栽培黄瓜

（二）化学替代品

目前，在中国用于土壤消毒登记的药剂有氯化苦、棉隆、威百亩、硫酰氟。

1. 氯化苦

99.5% 氯化苦液剂用于土壤熏蒸可以防治黄瓜根结线虫等土传病害。氯化苦为无色油状液体，高毒、易挥发，在光的作用下在水中水解形成 HCl、HNO_2、CO_2，使用和运输均须由经过安全技术培训的专业人员完成，目前施用方法主要是注射施药法。

施用方法如下。

（1）清除土壤中的杂物，特别是作物残体，深耕土壤 20 cm，充分碎土。

（2）土壤湿度对氯化苦施用效果有很大影响，应保持土壤湿度适中，以手握成团、松开落地即散为宜，湿度过大、过小都不宜施药。

（3）将药剂通过注射施药器械以一定的距离均匀注射施入土壤中，施药量为 240 ～ 360 kg/hm²。

（4）施药后土壤立即用塑料膜覆盖，膜周围用土密封压实。根据地温不同，覆盖时间不同，15 ～ 25℃为 10 ～ 15 d，25 ～ 30℃为 7 ～ 10 d。

（5）揭膜后敞气 7 ～ 10 d 后起垄，移栽黄瓜。

2. 棉隆

棉隆为硫代异硫氰酸甲酯类广谱熏蒸剂，可有效杀灭病原菌、根结线虫、地下害虫和杂草，我国登记产品为 98% 微粒剂，毒性为低毒。施用方法如下。

（1）施入基肥后翻耕整地、浇水，使土壤含水量保持在60% ～ 70%。

（2）均匀撒施棉隆，用量为 30 ～ 40 g/m²。

（3）耙细土壤，适当浇水使土壤含水量保持在 55% 左右，再用塑料膜覆盖严密。覆盖时间因土壤温度而异，土温在 25℃以上时密封 10 d，20℃时覆盖 12 d；15℃时覆盖 15 d，10℃时覆盖 25 d，5℃时覆盖 30 d。

（4）揭膜后敞气通风，通风时间因土壤温度而异，土温在 25℃以上时通风 5 d，20℃时通风 7 d；15℃时通风 10 d，10℃时通风 15 d，5℃时通风 20 d。

（5）确认药剂对种苗无影响后，整地做畦，定植黄瓜。

3. 威百亩

（1）浇水。如土壤干燥，在土壤消毒前应进行浇水处理，黏性土壤提前 4 ～ 6 d 浇水，沙性土壤提前 2 ～ 4 d 浇水。如已下雨，土壤耕层基本湿透，可省去此步骤。

（2）旋耕与整地。当 10 cm 土层土壤相对湿度为 60% ～ 70% 时，进行旋耕。浅根系作物旋耕深度 15 ～ 20 cm，深根系作物旋耕深度 30 ～ 40 cm，旋耕时充分碎土，清除田间土壤中的植物残根、秸秆、废弃农膜、大的土块、石块等杂物，确保旋耕后的土地平整。

（3）施药。将威百亩施于土壤中，建议采用沟施、滴灌或专用威百亩施药机械。

沟施。黄瓜按登记药量施用。如果采用沟施或行间施药，可根据实际处理面积计算有效用药量。将威百亩和 3 L 水稀释成 60 倍溶液均匀浇洒地表面，让土层湿透 4 cm。浇洒药液后，用聚乙烯地膜覆盖。经过 10 d 后除去地膜，将土表层耙松，使残留药气充分挥发 5 ～ 7 d。

滴灌施药。安装滴灌带，覆盖厚度 0.03 mm 以上的聚乙烯原生膜、推荐使用不渗透膜，不得使用再生膜。威百亩用水稀释 5% ～ 10% 药液使用，随水滴于膜下土壤中。

机械注射混土施药。专用施药机械需配置具有相应马力的动力装置，如拖拉机等，将施药机械与动力设备联接后，将药剂均匀地施于土壤中，并旋耕混土均匀。为防止药剂向大气中挥发，施药后迅速覆盖塑料薄膜，在塑料薄膜上面适当加压袋装、封好口的土壤或沙子（2 ～ 5 kg），以防刮风时将塑料薄膜刮起、刮破，发现塑料薄膜破损后需及时修补。采用厚度 0.03 mm 以上的聚乙烯原生膜，推荐使用不渗透膜，不得使用再生膜。

（4）设置警示标识。威百亩处理区域应设置明显警示标识，禁止人、畜进入。

（5）揭膜敞气。施药后，将塑料膜四周用土密封，推荐密封 3 ～ 4 周。温度高时，覆膜时间短；温度较低时，覆膜时间需要适当延长。

揭膜时，先揭开膜两侧，清除膜周围的覆土及覆盖物，次日再将膜全部揭开，使残存气体缓慢释放，以免人、畜中毒。

4. 硫酰氟

（1）土壤湿度调整。施药前 3 ～ 7 d 灌水，调整土壤相对湿度：砂土 60% ～ 80%，壤土 50%，黏土 30% ～ 40%。

（2）施肥与整地。施药前，将腐熟的有机肥均匀铺撒于土壤层表面，进行土壤旋耕，浅根系作物旋耕深度 15 ～ 20 cm，深根系作物旋耕深度 30 ～ 40 cm。旋耕后需清除前茬植物残体，保证耕层土壤颗粒松散、均匀和平整。

（3）铺设分布带和覆盖塑料薄膜。铺设专用分布带，每 4 m 宽的塑料薄膜需铺设一根专用分布带。然后覆盖塑料薄膜，采用大于 0.03 mm 的原生膜，不宜使用再生膜和旧膜。膜的开放周边需用土压实。

（4）施药。将硫酰氟钢瓶，用专用接头与分布带联结确保联结牢固。按 25 ～ 75 g/m^2（有效成分用药量）施用硫酰氟，根据作物连作时间的长短和土传病害、地下害虫、杂草等发生的轻重程度选择施药剂量。连作时间短，轻度发病的地块推荐采用低剂量；连作时间长，重度发病的地块推荐采用高剂量。

（5）揭膜敞气时间。熏蒸 7 d 后，即可揭膜敞气。揭膜时，提前一天，先揭塑料薄膜两边，次日再将塑料薄膜完全揭开。

黄瓜生长所需的环境条件

一、温度

黄瓜原产于热带森林潮湿地区，是典型的喜温作物，不耐寒冷，生育的最适温度为 10 ~ 32℃。白天适温较高，为 25 ~ 32℃，夜间适温较低，为 15 ~ 18℃。光合作用适温为 25 ~ 32℃。

黄瓜在不同生育时期对温度的要求有所不同，据有关资料介绍，光照强度在 1 万 ~ 5.5 万 lx 范围内，每增加 3 000 lx，生育适温提高 1℃。另外，高空气湿度和高二氧化碳条件下生育适温也会提高。所以生产上要根据不同环境条件采用不同温度管理指标。光照弱应采用低温管理。增施二氧化碳应采用高温管理。由播种到果实成熟需要的积温为 800 ~ 1 000℃·d。黄瓜种子萌发时，需要 25 ~ 30℃的高温，低于 12 ~ 13℃，种子不萌发。幼苗期适温偏低，白天晴天温度不应超过 24 ~ 28℃，阴天温度应稍低于晴天，但不应低于 18 ~ 22℃，夜间保持 15℃左右，不应低于 10℃。开花结果期白天 25 ~ 30℃时，果实生长最快。

黄瓜对低温的忍耐力较弱，健壮植株在 0 ~ 2℃将会冻死，5℃时有受冷害危险，在 10 ~ 12℃下生长非常缓慢或停止生育。如种子经冷冻（-2 ~ 6℃）处理后，可在 10℃环境中发芽，经过低温锻炼的幼

苗遇 5℃低温无冻害，甚至可以忍耐短时间 2～3℃的低温。因此，北方春黄瓜幼苗的低温锻炼是十分重要的。黄瓜对高温的忍耐能力较强，一般在 35℃左右同化量与呼吸消耗处于平衡状态。

黄瓜的根系对地温的反应比较敏感，最低发芽温度为 12.7℃，最适发芽温度为 28～32℃，35℃以上发芽率显著降低。黄瓜根的伸长温度最低为 8℃，最适宜为 32℃，最高为 38℃；黄瓜根毛的发生最低温度为 12～14℃，最高为 38℃。生育期间黄瓜的最适宜地温为 20～25℃，最低为 15℃左右。

黄瓜生育期间要求一定的昼夜温差。因为黄瓜白天进行光合作用，夜间呼吸消耗，白天温度高有利于光合作用，夜间温度低可减少呼吸消耗，适宜的昼夜温差能使黄瓜最大限度地积累营养物质。一般白天 25～30℃，夜间 13～15℃，昼夜温差 10～15℃较为适宜。黄瓜植株同化物质的运输在夜温 16～20℃时较快，15℃以下停滞。但在 10～20℃范围内，温度越低，呼吸消耗越少。所以昼温和夜温固定不变是不合理的。在生产上实行变温管理时，生育前期和阴天，宜掌握下限温度管理指标，生育后期和晴天，宜掌握上限管理指标。这样既有利于促进黄瓜的光合作用，抑制呼吸消耗，又能延长产量高峰期和采收期，从而实现优质高产高效益。

二、土壤

黄瓜根系分布浅，主要分布在土表以下 25 cm 的土层，故以选择耕层深厚、疏松、透气性良好、富含有机质的肥沃壤土，这种土壤能平衡黄瓜根系喜湿而不耐涝、喜肥而不耐肥的特点，同时该土壤透气、保肥、保水、结构良好，适合黄瓜根系生长。沙质土壤中黄瓜早期发苗快，利于提早成熟，但植株易于老化，总产量较低；黏性土壤虽然保水、保肥力强，有利于中后期黄瓜生育，但往往前期生育迟缓，不利于早熟，早春或低温季节还易于导致沤根等。

黄瓜喜中性偏酸的土壤，在土壤 pH 值为 5.5 ～ 7.2 的范围内都能正常生长发育，以 pH 值 6.5 最为适宜。pH 值过高易烧根死苗，发生碱害；pH 值过低易发生多种生理障碍，黄花枯萎，pH 值 4.3 以下黄瓜不能生长。

黄瓜忌连作，连作多年的设施地块，会出现土传病害、土壤盐渍化、土壤板结、缺素症等连作障碍问题，从而导致产量降低、品质下降，因此在黄瓜栽培中要重视轮作倒茬，与非葫芦科作物如叶菜类、玉米或葱蒜类等作物实行 2 ～ 3 年的轮作，还可开展产前土壤消毒，降低黄瓜连作障碍。

三、湿度

黄瓜根系浅，叶面积大而薄，蒸腾量大，对空气湿度和土壤水分要求严格。黄瓜的适宜土壤湿度为土壤持水量的 60% ～ 90%，苗期 60% ～ 70%，成株 80% ～ 90%。黄瓜的适宜空气相对湿度为 60% ～ 90%。理想的空气湿度应该为：苗期低，成株高；夜间低，白天高；低到 60% ～ 70%，高到 80% ～ 90%。

黄瓜喜湿怕旱又怕涝，在高温、强光和空气干燥的环境中，易失水萎蔫，影响光合作用，生长受抑制而减产，湿度高，蒸腾作用受阻，又会影响水分和养分的吸收，同时叶缘有水滴，为病菌的蔓延创造了有利的条件，所以黄瓜生产上浇水是一项技术要求比较严格的管理措施，适当浇水才能保证黄瓜正常结果和取得高产。

四、光照

黄瓜对日照的要求因生态类型不同而有差异。一般华南型品种对短日照较为敏感，而华北型品种对日照的长短要求不严格，已成为中日照植物，但 8 ~ 11 h 的短日照能促进性器官的分化和形成。

黄瓜的光饱和点为 55 000 lx，光补偿点为 1 500 lx，最适光照强度为 40 000 ~ 50 000 lx，20 000 lx 以下时不利于高产。黄瓜是喜光蔬菜，光照时间充足，同化作用旺盛，产量和品质都可以提高；若长期光照不足，同化作用下降，产量和品质都将降低。黄瓜在果菜类中属于比较耐弱光的蔬菜，所以在保护地生产中只要满足温度条件，冬季仍可进行生产。

黄瓜的同化量有明显的日差异。每日清晨至中午较高，占全日同化总量的 60% ~ 70%，下午较低，只占全日同化总量的 30% ~ 40%。因此，日光温室栽培黄瓜适当早揭苫。

五、气体

与黄瓜生育密切相关的气体是二氧化碳和氧气。二氧化碳是植物进行光合作用的必需原料之一，而土壤空气中的氧含量则与根系的生长发育、吸收功能密切相关。

大气中氧的平均含量为 20.79%。土壤空气中氧的含量因土质、施有机肥多少、含水量大小而不同，浅层土壤含氧量多。黄瓜适宜的土壤空气含氧量为 15% ~ 20%，低于 2% 生长发育将受到影响。黄瓜根系的生长发育和吸收功能与土壤空气中的氧含量密切相关。生产上增施有机肥、加强中耕等措施可增加土壤中空气的氧含量，对于黄瓜生长发育都是非常有利的。

黄瓜需要的大量碳元素主要来自二氧化碳，一般情况下黄瓜的光合强度随着二氧化碳浓度增加而升高，其二氧化碳补偿点为 0.005%，二氧化碳饱和点为 0.1%，超出此含量则可能导致生育失调，甚至中毒。据测定，一般空气中二氧化碳的浓度为 0.039 6%，露地生产由于空气不断流动，二氧化碳可以源源不断地补充到黄瓜叶片周围，从而保证光合作用的顺利进行。保护地栽培，特别是日光温室冬春茬黄瓜生产，严冬季节很少放蜂，室内二氧化碳补充不足会影响光合作用，生产商可以通过增施有机肥和人工施用二氧化碳气肥的方法得以补偿。

六、矿质营养

黄瓜生长发育除需要氮、磷、钾三大要素外，还需要钙、镁、硫、铁、锌、硼等多种元素，并且各种元素之间保持适当的比例，才能正常生长发育。各种元素缺少、过多或比例失调都可能导致各种生理病害的发生。

不同矿质营养对黄瓜生育的作用不同。氮是组成蛋白质和叶绿色的主要物质，氮素有利于雌花形成，对根、茎、叶、果实的生长作用也很大。黄瓜喜硝态氮，铵态氮多时根系活动减弱，从而影响吸水，同化作用降低。磷是构成细胞核蛋白的一种主要成分，与细胞分裂、增殖、花芽分化、花器形成和果实膨大等有直接关系。磷肥在生育初期吸收量较高。磷肥的利用率低，一般只能利用施肥量的 10% 左右，所以应该施用吸收量的 10 ～ 20 倍才能保证植株需要。钾能促进碳水化合物、蛋白质等物质的合成、转化和运输，在生长旺盛的部位都有大量钾存在。钾还能增强植株的抗病性和抗逆性，还有促进籽粒饱满和早熟的作用。钾肥吸收和磷肥相反，在生育后期是钾的吸收盛期。

第四章
品种选择与嫁接技术

一、黄瓜品种选择

黄瓜在我国栽种历史悠久，品种资源十分丰富。截至6世纪初，黄瓜已在全国各省市普遍种植。在我国科技人员的不断努力下，黄瓜育种工作取得了较大成绩，育成了满足保护地栽培，兼具耐低温弱光能力强的品种；育成了适宜露地栽培，抗病能力强的品种。在选择黄瓜品种时，最重要的还是要考察黄瓜品种的商品性与地域相适应性（图4-1、图4-2和图4-3）。

图 4-1　津优 303　　　　图 4-2　津优 401　　　　图 4-3　泰丰园

黄瓜按照地域分类可分为华北型、华南型和欧美型。华北型黄瓜分布于中国黄河流域、朝鲜和日本等地，黄瓜长势中等，喜土壤湿润、天气晴朗的环境条件，其对日照长短反应不敏感，且根系再生能力弱，节间和叶柄较长，果实细长、皮薄、多刺瘤，成熟较早。代表品种有北京大刺瓜、农大 12 号、山农 5 号等。华南型黄瓜分布在中国长江以南及日本各地。茎叶较繁茂，耐湿、热，为短日性植物，根系发达，果实较小，瘤稀，果皮坚硬无刺或少刺，果实颜色多绿、绿白、黄白色，味淡，熟果黄褐色，有网纹。代表品种有昆明早黄瓜、广州二青、重庆大白、日本的青长等。欧美型黄瓜是介于华北型和华南型中间的一种类型。欧美型黄瓜较多为雌性系品种，不少品种末结位都有多个雌花发生，生长速度较快，不易徒长，易早衰。代表品种有 MK160、迪多、斯托克等。

　　黄瓜按照品种熟性可分为早熟品种、中熟品种和晚熟品种。早熟品种第一朵雌花出现在主蔓的第三或第四节处，雌花密度较大，每节几乎都有雌花开放，在黄瓜播种后 55～60 d 开始收获。中熟品种第一朵雌花多出现于主蔓的第五或第六节处，密度相对早熟品种较低，播种 60 d 后方可采收。晚熟品种第一朵雌花多开放在主蔓的第七或第八节处，开花密度小，空节较多，每隔 3～4 节出现一朵雌花，播种后需 65 d 方可采收。

　　黄瓜按照瓜条形状可分为刺黄瓜、鞭黄瓜、短黄瓜和小黄瓜。刺黄瓜瓜形较大，相对晚熟，在温室栽培时抗病性较强，稳产高产。鞭黄瓜瓜条较大，瓜表面光滑，没有或仅有稀疏的瘤或刺，相对晚熟。短黄瓜瓜形相对较小，多属早熟品种，瓜表面没有瘤或刺，节间较短，具有较强的抗寒和抗热性。小黄瓜瓜条小，极早熟，果肉薄。

二、黄瓜嫁接技术

嫁接，是植物的人工繁殖方法之一。即把一种植物的枝或芽，嫁接到另一种植物的茎或根上，使接在一起的两个部分长成一个完整的植株。黄瓜嫁接技术是黄瓜生产栽培中克服连作障碍，提高植株抗逆性，防治土传病害，获得高产的一项主要技术措施。

（一）黄瓜嫁接栽培的优点

1. 防止土传病害

黄瓜枯萎病、疫病等土传病害侵入黄瓜根部后堵塞水分上运，造成黄瓜死秧，导致减产，严重时甚至整棚拉秧绝收，是为害黄瓜生产的一类重要病害。但此类病害的病原菌具有专一致病性，很多南瓜品种对这类病害具有较强的抗病性，因此，可利用南瓜作为黄瓜栽培的砧木，通过嫁接换根的方式，使黄瓜利用南瓜的根系吸收水肥，从而减少此类土传病害的发生。

2. 增强抗逆性

在冬季黄瓜生产中，往往因土壤温度过低，导致黄瓜长势衰弱，尤其是遇到连续低温寡照天气，土壤温度低于黄瓜根系正常生长的12℃，常导致死苗现象发生。南瓜具有根系发达，抗逆性强，嫁接苗在地温8℃的环境条件下可正常生根的特点，这有利于黄瓜更好地在冬季越冬生产。

3. 克服连作障碍

黄瓜根系脆弱，忌连作，长期在日光温室内栽培易受到土壤积盐和有害物质危害。而以南瓜作为砧木，可减轻土壤积盐和有害物质危害。

4. 提高水肥利用率

南瓜作为砧木，与自根苗比，南瓜根系强大，入土深，吸收水肥能力强，特别是对土壤深层的水肥利用率高，黄瓜长势强，具有较大丰产潜力。

5. 增加产量

由于嫁接黄瓜根系吸收水肥能力强，植株生长旺盛，同时降低了土传病害和连作障碍的发生，黄瓜通常表现为结果早、生育期延长、产量增加明显。

6. 改善品质

嫁接后的黄瓜外观品质得到提高，果肉增厚、果实光亮，同时可溶性内含物增加、总糖增加、维生素 C 增加。嫁接后的黄瓜因抗病抗逆性增强，可减少化学农药使用次数及用量，从而减少黄瓜的农药残留，减少种植区域内的农业面源污染，保障黄瓜的质量安全。

（二）黄瓜嫁接砧木的选择

黄瓜嫁接的砧木应具备与黄瓜亲和力强，生长旺盛，生长期长，耐低温、高温，耐贫瘠能力强，根系吸收能力强，耐湿、耐旱，抗黄瓜的主要病害，特别是枯萎病等土传病害。

我国目前黄瓜栽培常用的嫁接砧木品种主要有黑籽南瓜和白籽南瓜。在实际生产中，冬、春季栽培黄瓜嫁接砧木主要为黑籽南瓜，因为其具有耐低温能力强，在低温条件下嫁接亲和力强，嫁接成活率高，果实品质好，无异味，抗多种土传病害的特点，冬季用黑籽南瓜做砧木能获得较高产量，适宜冬、春季节使用，代表品种有云南黑籽南瓜、美国黑籽南瓜等。夏、秋季栽培黄瓜嫁接砧木主要为白籽南瓜，因为其具有耐热性强，在高温条件下嫁接亲和力强，嫁接成活率高的特点，且不易徒长，抗早衰，因此夏、秋季节宜选用白籽南瓜，代表品种有土佐系列、日本的金刚、刚力等。

（三）黄瓜嫁接常用方法

1. 靠接法

靠接法俗称舌接、舌靠法，具有操作简单，嫁接苗成活率高，抵抗外界不良环境能力强的特点，是目前推广面积较大，种植农户常采用的嫁接方法。但其存在接口愈合不牢固，黄瓜生长后期接穗断根的问题。应用靠接法，应先播种黄瓜，5 d 后播种砧木南瓜，选用生长高度相近的砧木和接穗幼苗进行嫁接，南瓜长到两片子叶展平、真叶吐尖，黄瓜幼苗的第一片真叶出现开始嫁接。嫁接前要先用刀片将南瓜生长点从子叶处去掉，在南瓜生长点下 0.5 cm 处用刀片向下切约 1/2 茎粗的斜口。黄瓜是将生长点下 1.5 cm 处向上切 2/3 茎粗的斜口。黄瓜、南瓜切口的斜面长度约 1 cm。将二者切口对插吻合。用嫁接夹夹在接口处，再向营养钵内放些床土，将黄瓜根系盖上并浇足水，进入嫁接后期管理。10 d 后用刀片断去黄瓜根，去掉夹子（图 4-4）。

图 4-4　黄瓜靠接法嫁接

2. 顶芽斜插法

顶芽斜插法是在南瓜出苗后播种黄瓜，优点是省去了断根和夹嫁接夹操作工序。应用顶芽斜插法嫁接应选用南瓜苗茎为黄瓜苗茎粗 1.5 倍以上的砧木苗做嫁接，砧木苗株高需达到 6～7 cm，茎粗 0.6 cm 左右，子叶平展，第一片真叶 2 cm 左右；接穗黄瓜苗高 3 cm，茎粗 1.5～2 mm，子叶平展且真叶未吐心。嫁接时先用刀片切除砧木生长点和真叶，并去除 1 对侧芽，随后斜插竹签，用拇指和食指捏住砧木子叶下的子叶节，竹签小斜面朝下，由砧木一片子叶中脉和子叶节交界处穿进，斜插到另一子叶下方 0.2 cm 处，深度应以手指感触到竹签尖端，透过砧木表皮能看到竹签尖端而未插透为宜，插成后竹签暂时留在砧木上；然后将接穗黄瓜两片子叶合并，用中指拖住黄瓜苗下胚轴，在子叶节下 0.3 cm 处下刀，斜向下切成 0.4～0.5 cm 长的斜面，要求平整且尖端平直；最后从砧木中取出竹签，将黄瓜接穗斜面向下插入孔内，用手轻按使伤口接合牢固，防止接穗斜面插透砧木表皮或插入过浅过松（图 4-5）。

图 4-5　黄瓜顶芽斜插嫁接

3. 贴接法

贴接法以砧木长出第一片真叶，且真叶直径 2 cm 左右，接穗子叶展开时为嫁接最适时期。用刀片呈 45° 角削去砧木 1 片子叶和生长点，椭圆形切口长 0.5 ～ 0.8 cm，要求切面平滑，不可削出砧木胚轴的髓腔。在接穗子叶下 1 ～ 1.5 cm 处，用刀片自上而下呈 30° ～ 45° 角斜切 1 刀，要求切口平滑，大小应和砧木斜面一致。将切好的砧木苗和接穗苗切面对齐，紧贴在一起，用嫁接夹将接口固定牢固（图 4-6、图 4-7）。

图 4-6　黄瓜贴接法嫁接

图 4-7　嫁接后的瓜苗

栽培技术与栽培管理

一、播种育苗

（一）播种时期

适宜的播种期决定于定植期，定植期则要根据当地气候和种植条件来确定。以华北地区为例，在日光温室、塑料大棚、露地 3 种种植环境中，通常有日光温室冬春茬、日光温室早春茬、塑料大棚春茬、塑料大棚秋茬等 7 种茬口。

1. 黄瓜日光温室冬春茬栽培

日光温室冬春茬黄瓜常在 9 月下旬至 11 月初播种，11 月中下旬至 12 月中下旬定植，春节期间开始供应市场，供应期长达 5 个月以上，经济效益显著。冬春茬黄瓜育苗时期，是蚜虫、蓟马等小型害虫高发期，黄瓜定植后处于低温高湿的生长环境，灰霉病、菌核病等真菌性病害易在此时发生，因此冬春茬黄瓜生产对病虫害防控技术要求较高，需配套应用色板诱杀、防虫网覆盖、天敌昆虫和高效施药等多项病虫害防控技术。

2. 黄瓜日光温室早春茬栽培

日光温室早春茬黄瓜播种期从南到北逐渐延后，一般从 11 月至翌

年 1 月陆续播种，从 12 月中下旬到翌年 2 月定植，2—3 月开始采收，5—6 月拉秧。早春茬黄瓜苗期处于低温季节，瓜苗生长缓慢，因此，培育无病虫壮苗非常关键。

3. 黄瓜日光温室秋冬茬栽培

日光温室秋冬茬黄瓜一般在 8 月上中旬到 9 月上旬播种，深秋和初冬开始供应市场，采收期较短，产量较低。秋冬茬黄瓜在育苗期处于高温、强光季节，应及时悬挂遮阳网避免病毒病的发生，苗期应注意水肥、通风管理，高温高湿条件易导致细菌性病害发生，黄瓜定植后正值蚜虫、粉虱和蓟马等小型害虫高发期，因此，秋冬茬黄瓜需注意全程病虫害防控技术。

4. 黄瓜塑料大棚春茬栽培

塑料大棚春茬黄瓜 2 月开始播种，3 月定植，5—7 月开始采收。此茬黄瓜价格前期较高，后期受到露地黄瓜上市后影响价格开始回落，因此需重视前期产量。春季病虫害发生较轻，因此，对黄瓜病虫害防治技术要求相对较低。

5. 黄瓜塑料大棚秋茬栽培

塑料大棚秋茬黄瓜 7 月中旬开始播种，8 月定植，10—11 月开始采收。此茬黄瓜生长前期处于高温多雨的夏季，需注意细菌性角斑病等病害发生，后期霜霉病、斑潜蝇、蚜虫等多种病虫害容易发生，管理难度较大。

6. 黄瓜露地春茬栽培

露地春茬黄瓜 2 月下旬至 3 月初开始播种，3 月下旬陆续开始定植，6 月开始采收。此茬黄瓜应注意害虫为害，做好色板诱杀和理化诱控等防治措施。

7. 黄瓜露地秋茬栽培

露地秋茬黄瓜 4 月开始播种，5 月中旬开始定植，7—10 月陆续采收。此茬黄瓜生育期较长，夏季降雨为害较为严重，应重点做好田间排涝工作。

（二）种子处理

在种子消毒处理前，首先应挑选饱满健壮的种子，淘汰空瘪或损坏的种子，避免使用陈年旧种。黄瓜的种子可携带多种病原菌，常用的种子消毒处理方法有温汤浸种、药剂浸种和药剂拌种，应根据种子携带病原菌的种类，有针对性地选择种子消毒处理方法。

1. 温汤浸种

黄瓜种子放入 50 ～ 55℃温水中，不断搅动，使种子表面均匀受热，保持 50℃水温 20 ～ 30 min 后捞出种子，再放入 30℃的温水中浸种 4 ～ 6 h，待种子吸足水分，即可出水，出水后需搓掉种皮表面黏液，放入湿纱布中等待催芽。砧木种子浸种时，水温应提高至 70 ～ 80℃，延长种子浸泡时间至 8 ～ 12 h，即可催芽（图 5-1）。

图 5-1　温汤浸种

2. 药剂浸种

防治真菌及细菌病害，可用 50% 多菌灵可湿性粉剂 500 倍液浸种 60 min，或用 40% 甲醛 100 倍液浸种 30 min；防治病毒病，可将种子放入 10% 磷酸三钠溶液中浸泡 20 min。药剂浸种后，需用清水将种子彻底清洗后再进行催芽。

3. 药剂拌种

将要处理的种子与药剂混合搅拌均匀，使药剂均匀黏附在种子表面，药剂量一般为种子重量的 0.2% ～ 0.4%，播种后可杀灭种子传带的病虫。种子与药剂必须是干燥的，同时将二者放入罐子内，加盖后充分摇匀。常用药剂有 50% 福美双可湿性粉剂，50% 多菌灵可湿性粉剂等。

（三）催芽

浸种后的种子，沥干浮水将湿种子用透气性良好、洁净、半潮干的布包好，放入盘中，种子厚度不超过 5 cm，上面盖上双层潮干毛巾或麻袋片，然后放在 25 ～ 28℃ 的恒温箱中催芽。吸足水后的种子在温度具备、氧气充足的条件下，经过 48 h 便可发芽，隔年陈种子，发芽稍迟缓，72 h 左右也可出芽。种子露出 1 ～ 2 mm 的胚根后即可播种。当种子已经发芽，却遇到天气突变或其他事宜不宜播种时，可将有芽的种子在保湿条件下，放在温度低于 10℃ 又不会结冰的环境中保存，有条件者放入家用冰箱的冷藏室内，或放在冷凉屋内，经常翻动，保持芽不干，待天气好即可播种。

（四）播种数量

黄瓜每亩栽培田需种子 150 g，每亩苗床需种子 8 ～ 10 g，以保证露地种植黄瓜 4 000 ～ 4 500 株 /667m^2。

（五）苗床准备

苗床的好坏与培育壮苗有很大的关系，进而影响到产品的数量和质量，最终影响到产品的效益，在育苗前应对苗床进行充分的考虑和准备。

苗床首先要选择有加温设施的日光温室，位置应采用东西向，坐北朝南，可接收更多的阳光，抵御寒风。苗床内还要保证畦面平整，排灌方便，利于平底穴盘、营养钵的摆放。其次要准备好育苗用的物资和设备，如棚膜、棉被、加热地线和控温仪器等。最后，要准备好肥沃、土粒细、松软、持水性好、透气性强的无病菌培养土。

（六）播种

砧木种子播在 50 孔穴盘或 8 cm×8 cm 的营养钵中，接穗种子可直接播在平盘或 72 孔穴盘内。播种前苗床浇透水,营养钵或穴盘苗的,用手指在播种穴中央轻按 1 cm 左右形成播种坑，然后将种芽向下平放，采用抓土堆的方式覆盖过筛的细潮土（或蛭石）1 ～ 1.5 cm。待 60%拱土时再覆土一次，厚度 0.2 cm。

（七）苗期管理

播种后地温要保持在 20 ～ 24℃，环境温度 25 ～ 30℃。一般两天左右即可出苗，此期主要是保温保湿，覆盖地膜并扣小拱棚。

幼苗出土后要降低温度，尤其是夜间温度，防止幼苗徒长，白天 20 ～ 25℃，夜间 15 ～ 18℃。低温短日照是促进雌花分化的有利条件之一，每天要日照时长 8 ～ 10 h，寡照天气也要揭开草帘，避免幼苗徒长，温度过高，日照过强时，应用遮阳网遮盖，避免幼苗晒伤。苗期通风原则是晴好天早放风，大放风，放风的时间长；阴天则是晚防风，小防风，缩短放风时间。苗大可大放风；苗小要小放风，时间也要略短。一般通风时间为上午 9～10 时，下午 2 时以后风口要逐渐缩小，4～5 时要完全关闭风口。苗棚内由于存在温度、湿度和光照差异，幼苗可能出现生长差异，要按照长势适时倒苗。

黄瓜苗期应用重点防治猝倒病和立枯病两种病害，做好苗床温湿度管理，防止高温高湿现象。苗期若发现病苗、无真叶苗或子叶不正常的苗应及时拔除。

二、定植前准备

（一）整地作畦

整地前应先清除土壤中的上茬作物残体、杂草、石块等杂物。采用农业机械或农具破碎土块、疏松土壤，根据土壤养分情况施足底肥，为保证土壤养分平衡，应多施用腐熟的有机肥，并适量施入其他肥料，翻耕后与土壤充分混匀，土壤深翻一般在 30 cm 左右，可与土壤消毒处理同时进行，深翻后需耙平盖实，上暄下实（图 5-2、图 5-3）。

图 5-2　黄瓜定植前整地

图 5-3　整地作畦完毕

黄瓜生产常采用小高畦的作畦方式，黄瓜果实着色均匀、不易被泥土污染，有利于排水、采收。小高畦一般畦高 15～20 cm、大沟宽 80 cm、小沟宽 50 cm。

（二）铺设滴灌

为了节约用水，减少劳动强度，便于农事操作，同时有利于提高土壤温度，控制棚室内湿度，增强作物抗病虫能力，减少病虫害发生，减少肥料随水流失，降低农业环境面源污染问题，黄瓜种植常采用膜下滴灌的浇水方式。作畦后铺设滴灌带进行膜下滴灌浇水和施肥。

滴灌系统由首部枢纽和田间管路组成，首部枢纽包括水泵、施肥装置、过滤器、控制装置、测量装置和保护装置等，田间管路包括滴灌带和控制装置。常见施肥器有压差式施肥罐、文丘里施肥器等。首部枢纽安装在设施的一端或中间位置。滴灌主管铺设在与垄垂直的一端，设置在设施北侧靠近后墙或南侧靠近棚膜的地面上。滴灌带铺设在畦上、种植行间，视垄宽铺设一条或两条，一端与主管连接，避免漏水，并扣好地膜。

（三）土壤消毒

优先使用 20% 辣根素水乳剂进行消毒处理，滴灌施药，每亩用量 5～6 L，在施肥罐内辣根素滴完后保持继续滴灌浇水 1～2 h，密封 3～5 d 打开薄膜，次日即可定植。另外，也可用 50% 多菌灵、50% 托布津或 70% 敌克松 1 000 倍液喷洒，或制成毒土撒布后翻入土中。有地下害虫的地块，可以在土壤处理时加一定数量的杀虫剂（图5-4）。

图 5-4　辣根素滴灌土壤消毒

（四）棚室表面消毒

可用背负式高效常温烟雾施药机，喷施 20% 辣根素水乳剂 1 L/667m^2 进行表面消毒，施药后闷棚 3 d；或选用杀菌剂阿米西达、世高、霜脲锰锌等；杀虫剂阿维菌素等分别针对病害、虫害进行消毒；或选用杀虫烟雾剂（异丙威等）和杀菌烟雾剂（百菌清、腐霉利等）同时配合使用（图 5-5）。

图 5-5　关棚前辣根素空棚消毒

三、定植

（一）定植时间

黄瓜具体的茬口安排，定植时间前已述及，此处不再详细展开。

（二）秧苗准备

黄瓜定植前 1 周开始炼苗，叶温逐渐降到 8℃，但地温仍应保持 13℃以上。定植前 5 d 浇 1 次小水，定植前 3 d 移苗分级，将秧苗按照大中小分级（定植前大苗定植在大棚周边、中小苗定植在棚室中间部位）。

（三）定植

黄瓜应在畦上采用双行交错定植的方式，定植密度每亩可在 3 000 株左右。当苗长到 3～4 片叶时，可选择在晴朗的天气开始定植，栽苗的深度以不埋过子叶为准，适当深栽可促进不定根发生。如遇徒长苗，秧苗较高，可采取卧栽法，将秧苗朝一个方向斜卧地下，埋入 2～3 片真叶。低温季节应采用点水定植法，先在定植穴内浇水，之后再移入秧苗，并覆土，此种方法促进黄瓜早生根、早缓苗（图 5-6 至图 5-8）。

图 5-6　待定植的黄瓜幼苗

图 5-7　黄瓜定植中

图 5-8　定植完毕的黄瓜

四、定植后管理

（一）温度管理

黄瓜缓苗期应重点提高温度，促进缓苗，生产棚室内日间温度应保持在 27 ~ 32℃，夜间应高于 15℃，如遇低温寒流，可增设小拱棚，如中午温度过高，可开顶风口降温，注意开小风口，缓慢降温。

黄瓜生长期应以促根控秧为主，防治植株徒长，宜适当加大昼夜温差。日间温度宜控制在 25 ~ 30℃，当棚室内温度超过 30℃时，可适当打开风口，开始放风，温度降至 20℃时停止放风。夜间应保证温度不低于 10℃，当温度降至 15℃时应及时放草帘为棚室增温，外界最低温度高于 15℃时，可昼夜通风。

（二）水肥管理

黄瓜定植时应浇足定植水，缓苗期内原则上不用浇水，如发现定植后黄瓜严重缺水，可选择晴天上午浇 1 次缓苗水，要保证缓苗水浇透，避免缓苗期内频繁浇水导致地温降低。

黄瓜生长期在根瓜膨大前一般不需浇水施肥，通过蹲苗促进根系发育，协调植株地上部和地下部的关系，以利于开花坐瓜。当根瓜伸长、瓜柄颜色转绿时，开始浇水追肥。浇水应在晴天上午进行，采用滴管的方式随水追肥。根据环境条件，适当浇水施肥，外界环境较低时，每 10～20 d 浇 1 次水，温度回暖，须勤施肥水，每 5～10 d 浇水 1 次，清水和肥水应交替进行。除随水冲肥外，还需注意叶面肥和气肥的使用，从而提高黄瓜光合作用强度，促进植株生长，加快内含物积累，提高抗病抗逆性，改善叶和果实外观，提高黄瓜品质。

（三）光照管理

应选用新棚膜，及时清洁棚膜，增加透光率，以保证光照强度。还可在后墙悬挂反光幕，增加光照。必要时还可进行补光灯补光，选用 100～200 W 白炽灯、荧光灯或专用补光灯，间隔 3～4 m 间距悬挂一盏灯。

（四）植株调整

1. 吊蔓

当黄瓜株高长至 25 cm 时，应及时开始吊蔓，吊绳最好采用银灰色塑料绳，兼具趋避蚜虫的效果，使用专用挂钩或塑料夹等吊蔓工具，在黄瓜生产后期还便于落蔓。

2. 整枝

为节省养分和避免乱秧，在绑蔓的同时还应进行整枝操作。根瓜以前的侧枝应摘除，根瓜以后的侧枝可适当保留，促其结瓜，瓜前留 1～2 片叶摘心。

3. 绑蔓

绑蔓要根据黄瓜自身和相邻植株长势的强弱，加以区别处理，壮蔓宜紧绑，弱蔓应松绑，以促进黄瓜生长。主蔓长出 2 ~ 3 片嫩叶绑蔓 1 次，按一定旋转方向呈 "S" 形绑蔓。

4. 落蔓

当株高接近 1.6 ~ 1.8 m 时进行落蔓，落蔓前 5 ~ 7 d 不宜浇水，减少黄瓜自身水分含量，提高茎蔓韧性。落蔓时，应先去掉要落下茎蔓部分的叶片，随后将没有叶片的茎蔓按一定方向整齐盘好，确保不碰折已落好的茎蔓。

5. 其他操作

植株调整的其他操作还包括摘卷须、摘雄花与打老叶等。在绑蔓、整枝时，应及时摘去卷须、雄花、老叶和病叶，将植株残体集中带出棚外统一处理，保持棚室内清洁，减少病原菌数量。打叶时应注意，在保证棚室内通风透光的同时，打叶不能过狠，要保留 15 片功能叶片，否则将影响到黄瓜光合产物的合成及产量的形成。同时要摘除化瓜、弯瓜、畸形瓜，去掉已收完瓜的侧枝。

（五）授粉

黄瓜是雌雄同株蔬菜，瓜蔓上每 3 ~ 4 节生有一朵雌花，雌花之间各有一簇雄花。在雌花与雄花开放时，选成熟的雄花给雌花授粉，授粉后保留近雌花的 2 ~ 3 朵雄花，以充分授粉，其他雄花均可摘除。应注意黄瓜在授粉期间不要喷水、淋雨，以防雨水淋湿花粉和柱头，影响授粉受精。

1. 人工手动授粉

选择晴朗的早晨或者上午，一种方法可用棉签先在雄花的花蕊上轻轻滚动摩擦，然后拿棉签到雌花的花蕊上涂抹。另一种方法是直接将雄花取下，掰掉花瓣，对准雌花的花蕊部分，轻轻接触，稍稍按压一下。无论采用哪种方法，都应注意授粉力度不宜过大，以免损伤雌花。

2. 人工辅助授粉

使用振荡授粉器在晴天上午 8 ～ 10 时授粉效果最好，或采用激素授粉，要求棚室内温度控制在 20 ～ 30℃，当每穗花序有 3/4 的花朵开放时，可采用喷雾的方法将其喷到花朵上（尽量避免喷到柱头上）。

3. 熊蜂授粉

在黄瓜开花前 1 ～ 2 d，在傍晚时按每 667 m² 一箱熊蜂（60 只工蜂/箱）放入温室，第二天早晨打开巢门。蜂箱要放在棚室中部位置，距离地面 30 cm 左右高度。需在蜂箱开口处放置盘碟，添加 50% 的糖水，用以饲喂熊蜂，并每隔 3 ～ 5 d 补充糖水。高温炎热季节，应及时安置遮阳网避免阳光直射，温度过高会导致熊蜂停止授粉。一群熊蜂的授粉寿命一般为 45 d 左右，应及时更换蜂群。

（六）适时采收

黄瓜采收要及时，过早采收产量低，产品达不到标准，而且风味、品质和色泽也不好；过晚采收，不但赘秧，影响产量，而且产品不耐贮藏和运输，一般就地销售的黄瓜，可以适当晚采收；长期贮藏和远距离运输的黄瓜则要适当早采收；冬天收获的黄瓜可适当晚采收，夏天收获的黄瓜要适当早采收；有冷链流通的黄瓜可适当晚采收，常温流通的黄瓜要适当早采收；市场价格较贵的冬、春季，可适当早采收。

黄瓜结瓜初期每 2 ～ 3 d 采收 1 次，结瓜盛期晴天可每天采收。

采收时间应在早晨进行，此时瓜条含水量高，肉质鲜嫩。摘瓜时要轻拿轻放，不要漏采，及时摘掉畸形瓜，并防止机械损伤。机械损伤是采后贮藏、流通保鲜的大敌，机械损伤不仅可引起蔬菜呼吸代谢升高，降低抗性，降低品质，还会引起微生物的侵染，导致腐烂。采收后的黄瓜整齐摆放在内裹塑料袋的纸箱内（图5-9、图5-10）。

图5-9　成熟待采收的黄瓜　　　　　图5-10　瓜采收后摆放在内裹塑料袋的纸箱内

第六章
病虫害控制

黄瓜易发生多种病虫害，有一些病虫害若不及时防治，会对黄瓜产量造成严重影响，其中包括灰霉病、细菌性角斑病和根结线虫等病害，也包括粉虱、蚜虫和蓟马等虫害。

一、黄瓜常见病害及防治

（一）花叶病毒病

花叶病毒是黄瓜的重要病害，分布较广，种植地区都有发生，一般夏秋季发病较重，病株率达30%以上，显著影响黄瓜生产。

【症状识别】

此病全生育期都可发生。苗期染病子叶变黄枯萎，幼叶呈深绿与淡绿相间的不规则花叶，生长缓慢，以后出现皱缩、畸形。成株染病新叶呈黄绿相间的花叶状，病叶小且皱缩，叶片变厚，严重时叶片反卷，以后由下向上逐渐黄枯死亡。瓜条染病，在瓜表面呈现深绿及浅绿相间的疣状斑块，凹凸不平或畸形。发病严重时节间缩短，叶片簇生，不能结瓜致整株萎缩枯死（图6-1至图6-3）。

图 6-1　黄瓜绿斑驳病毒病病叶

图 6-2　病毒病

图 6-3　病毒病为害瓜条

【发生规律】

CMV 种子不传毒。主要在多年生宿根植物上越冬，由于鸭跖草、反枝苋、刺儿菜、酸浆等都是桃蚜、棉蚜等传毒蚜虫的越冬寄主，每当春季瓜类发芽后，蚜虫开始活动或迁飞，成为传播此病的主要媒介。发病适温 20℃，气温高于 25℃多表现隐症。MMV 种子可带毒，也可通过棉蚜、桃蚜和机械摩擦传染。高温干旱或强光照有利于发病。发病早晚、轻重与种子带毒率高低和甜瓜生长期气候有关，种子带毒率高，病害发生早；生长期天气干燥高温，蚜虫数量多，病害较重。

【防控措施】

（1）增施有机底肥，培育壮苗，适期定植。高温季节注意浇水和通风降温。

（2）加强管理，及时防治蚜虫。

（3）可在黄瓜生长期施用5%氨基寡糖素水剂等植物免疫诱抗剂进行预防。

（二）猝倒病

猝倒病为黄瓜苗期病害，分布较广。多发生在早春苗床，秋季偶尔可见，发病后常造成幼苗成片死亡，病重时严重毁苗。

【症状识别】

此病从播种到出苗均可发生，以2～3片真叶期前最易发病。种子发芽期染病常引起烂种。出苗后染病，幼茎基部初呈水渍状，黄褐色至暗绿色，随后软化腐烂，病部缢缩，很快幼苗倒折。随病害发展病苗迅速向四周扩展，引起成片倒苗。苗床温度高时，病菌残体表面及附近土壤表面可长出白色霉层（图6-4）。

图6-4　猝倒病

【发生规律】

病菌以卵孢子在土壤中越冬。条件适宜萌发产生游动孢子囊，孢子囊释放游动孢子或直接长出芽管侵染幼苗。病菌也可以菌丝体在病残体或在土壤内腐殖质上腐生生活，菌丝形成游动孢子囊，释放游动孢子侵染幼苗。病菌主要通过浇水或管理传播，带菌粪肥和操作工具也可传播。病菌侵染后在皮层薄壁细胞中扩展，以后在病部产生孢子囊，进行再侵染，最后在病组织内产生卵孢子越冬。土壤温度 15～16℃ 病菌繁殖很快，土壤高温极易诱发此病。浇水后苗床积水或苗床顶棚滴水处多为发病中心。光照不足，幼苗长势弱，或育苗期遇寒流或连阴雨、雪天气，低温潮湿，病害发生严重。

【防控措施】

（1）采用营养钵、营养盘、地热线等快速育苗技术育苗。苗土选用无病新土或大田土，有条件的选用基质育苗。肥料充分腐熟，并注意施匀。

（2）可使用20% 辣根素水乳剂稀释300～500 倍液进行育苗土或基质消毒，所需药液量 15～25 L/m³。

（3）加强管理，底水浇足后适当控水，尤其是播种和刚分苗后，应注意适当控水和提高管理温度，切忌浇大水或漫灌。

（4）应及时清理病苗和邻近病土，并配合药剂防治，可选用38% 甲霜·福美双可湿性粉剂、66.5% 霜霉威盐酸盐水剂和20% 乙酸铜可湿性粉剂喷雾，随后可均匀撒干细土降低苗床湿度。施药后注意提高土壤温度。

（三）立枯病

立枯病为黄瓜的苗期病害，分布较广，发生较普遍，但一般都零星发生，引起零星死苗，个别苗床发病严重，致使瓜苗成片坏死。

【症状识别】

此病多在育苗中后期，或床温较高的苗棚内发生。主要为害茎基部或根部，初在茎基部出现椭圆形或不定形褐色水渍状斑，逐渐向下凹陷坏死，绕茎一周致茎部萎缩干枯，随病情发展瓜苗逐渐萎蔫枯死。根部受害，初期皮层变褐，以后腐烂。病苗在发病前期表现白天萎蔫，夜间恢复，重复数日后病苗枯死。此病最后都直立萎蔫枯死，与猝倒病相区别（图6-5）。

图6-5 立枯病

【发生规律】

病菌以菌丝和菌核在土中或在发病组织上随病残体越冬。翌年以菌丝侵入寄主，形成初次侵染，随病土、带菌肥料和浇水传播，引起再侵染。低温 10 ～ 28℃均可侵染发病，以 16 ～ 20℃为最适。土壤过干过湿，砂土地或幼苗徒长、温度不适等均有利于发病。长江流域几乎全年都可发病。

【防控措施】

（1）适期播种，使幼苗避开雨期。

（2）育种前进行温汤浸种，对种子进行消毒处理。

（3）施用充分腐熟的有机肥，增施过磷酸钙肥或钾肥。加强水肥管理，避免土壤过湿或过干，减少伤根，提高植株抗病力。

（4）发病初期使用药剂防治。可选用54.5%噁霉·福美双可湿性粉剂、70噁霉灵可湿性粉剂、30%甲霜·噁霉灵水剂和70%敌磺钠可溶粉剂喷浇茎基部，7～10 d 1次，视病情防治1～2次。

（四）霜霉病

霜霉病为黄瓜的主要病害，种植地区都有发生，轻者零星发病，对黄瓜生产无明显影响，严重地块或棚室病株率高达80%以上，显著影响生产（图6-6、图6-7）。

图6-6　霜霉病

图6-7　霜霉病叶背症状

【症状识别】

此病全生育期都可发生，主要为害叶子。子叶染病后初呈褪绿黄斑，扩大后呈黄褐色。真叶染病叶缘或叶背面出现水渍状病斑，逐渐扩大受叶脉限制呈多角形淡黄褐色或黄褐色斑块，湿度高时叶背面或叶面均长出灰黑色霉层，即病菌的孢囊梗和孢子囊。后期病斑连片致叶缘卷缩干枯，严重时植株一片枯黄。

【发生规律】

病菌主要在冬季温室内为害越冬，南方可常年发生；借气流和农事操作传播；生长温度 15 ～ 30℃，孢子囊萌发适温 15 ～ 22℃，气温 15 ～ 20℃，叶面有水滴即可发病，温度 20 ～ 26℃，相对湿度 85% 以上最适宜病菌生长，气温 15 ～ 20℃，相对湿度高于 83% 时病菌即大量产孢，湿度越高产孢越多。叶面结露是游动孢子囊萌发和游动孢子侵入的必要条件。保护地内空气湿度是发病的关键。

【防控措施】

（1）培育无病壮苗，增施有机底肥，注意氮、磷、钾肥合理搭配。

（2）保护地采用高垄地膜覆盖配合滴灌或管灌等节水栽培技术。

（3）发病期适当控制浇水，并注意增加通风，降低空气湿度。

（4）发病初期选用 80% 三乙膦酸铝水分散粒剂、722 g/L 霜霉威盐酸盐水剂、72% 霜脲·锰锌可湿性粉剂、100 g/L 氰霜唑水分散粒剂、50% 烯酰吗啉可湿性粉剂、80% 代森锰锌可湿性粉剂和 75% 百菌清可湿性粉剂等进行防治，7 ～ 10 d 防治 1 次。

（五）细菌性角斑病

细菌性角斑病为黄瓜的重要病害，部分地区发生，在一定程度上影响生产，严重时病株率达 60% 以上，显著影响黄瓜生产。

【症状识别】

此病全生育期均可发生，可为害叶子、叶柄、卷须和果实，严重时也侵染茎蔓。子叶染病初呈水渍状近圆形凹陷斑，以后呈黄褐色坏死。真叶染病初为暗绿色水渍状多角形，以后变成淡黄褐色多角形病斑，湿度高时叶背溢出乳白色浑浊水膜状菌脓，干后留下白痕，病部质脆易破裂穿孔，区别于霜霉病。茎蔓、叶柄、卷须染病，在病部出现水渍状小点，沿茎沟纵向扩展呈短条状，湿度高时溢出菌脓，严重时，纵向开裂呈水渍状腐烂，干燥时，茎蔓变褐干枯，表层残留白痕。瓜条染病呈现水渍状小斑，以后扩展成不规则形或连片，在病部溢出大量污白色菌脓，因常伴软腐病菌侵染，呈黄褐色水渍状腐烂。病菌侵入种子致种子带菌（图 6-8 至图 6-11）。

图 6-8　细菌性角斑病为害叶片（正面）

图 6-9　细菌性角斑病为害叶片（背面）

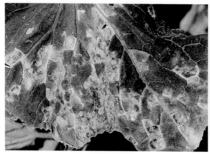
图 6-10　细菌性角斑病为害叶片（正面）

图 6-11　细菌性角斑病为害叶片（背面）

【发生规律】

病菌在种子内随病残体在土壤内越冬。通过伤口或气孔、水孔和皮孔侵入，发病后通过雨水、浇水、昆虫传播，病害与结露或雨水关系密切。病菌生长温度 1 ～ 35℃，发育适宜温度 20 ～ 28℃，39℃停止生长，49 ～ 50℃致死。空气湿度高，或多雨，或夜间结露多有利于发病。

【防控措施】

（1）选用无病种子，播前用 50 ～ 52℃温水浸种 30 min 后催芽播种。

（2）用无病土育苗，拉秧后彻底清除病残落叶，与非瓜类作物进行 2 年以上轮作。

（3）合理浇水，防治大水漫灌，保护地注意通风降温，缩短植株表面结露时间，注意在露水干后进行农事操作。

（4）发病初期进行药物防治，可选用 2% 春雷霉素水剂、4% 小檗碱水剂、5 亿 cfu/g 多黏类芽孢杆菌悬浮剂、30% 噻唑锌悬浮剂、3% 噻霉酮微乳剂和 77% 氢氧化铜可湿性粉剂喷雾防治。

（六）枯萎病

枯萎病为黄瓜的普通病害，局部地区发生，多零星发病，个别地块成片死秧，显著影响黄瓜生产。

【症状识别】

此病多在开花、结瓜后陆续发病，病株初期表现为中下部叶片或植株一侧叶片褪绿，中午萎蔫下垂，早晚恢复，以后萎蔫叶片不断增多逐渐遍及全株，最后整株枯死，在主蔓基部一侧形成长条形凹陷病斑，湿度高时病茎纵裂，其上产生白色至粉红色霉层，剖茎可见维管束变褐，有时病部可溢出少许琥珀色胶质物（图 6-12）。

图6-12 枯萎病

【发生规律】

病菌以厚垣孢子或菌丝体在土壤、肥料中越冬。条件适宜时形成初侵染，在病部发生大小分生孢子通过浇水、雨水和土壤传播，从根茎部伤口侵入，并进行再侵染。通常地下部当年很少再侵染。连作地或施用未充分腐熟的沤肥，或低洼、土质黏重、植株根系发育不良，或天气闷热潮湿发病严重。品种间抗病性有差异。

【防控措施】

（1）选用抗病品种，可用黑籽南瓜嫁接防治。

（2）实行与非瓜类蔬菜2～3年的轮作，施用充分腐熟的有机肥。选用无病土育苗，提倡用新法育苗，减少伤根。

（3）重病地块或棚室进行日光高温消毒土壤，处理后增施生物菌肥。

（4）及时拔除病株，病穴及邻近植株用3%氨基寡糖素水剂、6%

春雷霉素可湿性粉剂、70%甲硫·福美双可湿性粉剂、3%甲霜·噁霉灵水剂等进行防治。

（七）白粉病

白粉病为黄瓜的普通病害，局部地区发生，管理较粗放的棚室发病较重，显著影响黄瓜生产（图6–13）。

图6–13　白粉病

【症状识别】

此病全生育期都可发生，叶片发病严重，叶柄、茎蔓次之。发病初期在叶面或叶背及茎蔓上产生白色近圆形小粉斑，以叶面居多，以后向四周扩展形成边缘不明显的连片白粉，严重时，叶片上布满白粉，即病菌的菌丝和分生孢子。发病后期，白色霉斑逐渐消失，病部呈灰褐色，病叶枯黄坏死。有时在病斑上长出黄褐色至黑褐色小粒点，即病菌的闭囊壳（图6–14和图6–15）。

【发生规律】

病菌以闭囊壳随病残体在土中越冬，或在保护地内为害越冬。南

图 6-14　白粉病为害茎秆　　　　　图 6-15　白粉病为害叶片

方菜区病菌以菌丝或分生孢子在寄主上为害越冬和越夏。借气流、雨水和浇水传播。10 ~ 25℃均可发病，高温干燥和潮湿交替，病害发展迅速。生长后期，植株生长衰弱病害严重。种植过密、生长期缺肥亦发病较重。

【防控措施】

（1）选用抗病良种。

（2）培育壮苗，定植时施足底肥，增施磷、钾肥，避免后期脱肥。生长期加强管理，注意通风透光，保护地提倡使用硫黄熏蒸器定期熏蒸预防。

（3）发病初期选用 200 亿孢子 /g 枯草芽孢杆菌可湿性粉剂、0.5% 小檗碱水剂、25% 戊唑醇水乳剂、10% 苯醚甲环唑水分散粒剂、25% 嘧菌酯悬浮剂和 50% 嘧菌酯水分散粒剂等进行喷雾防治。也可使用硫黄熏蒸技术防治白粉病。

（八）灰霉病

灰霉病是黄瓜十分重要的病害，分布广泛，在北方保护地内和南方露地普遍发生。一旦发病，损失较重。一般病瓜率 8%～25%，严重时达 40% 以上。

【症状识别】

灰霉病主要为害瓜条，也为害花、幼瓜、叶和蔓。病菌最初多从开败的花开始侵入，使花腐烂，产生灰色霉层，后由病花向幼瓜发展，染病瓜条初期顶尖褪绿，后呈水渍状软腐、萎缩，其上产生灰色霉层。病花或病瓜接触到健康的茎、花和幼瓜即引起发病而腐烂。有时病瓜上还长出黑褐色小颗粒状菌核（图 6-16 和图 6-17）。

【发生规律】

病菌以菌核、分生孢子或菌丝在土壤内及病残体上越冬。分生孢子借气流、浇水或农事操作传播。病菌生长适宜温度为 18～24℃，发病温度为 4～32℃，最适温度为 22～25℃，空气湿度达 90% 以上，植株表面结露易诱发此病。

图 6-16　灰霉病为害叶片

图 6-17　灰霉病为害瓜条

【防控措施】

（1）前茬拉秧后彻底清除病残落叶及残体，使用背负式高效施药机将 20% 辣根素水乳剂稀释 10 ~ 15 倍液仔细喷洒地面、墙壁、棚膜等，进行棚室表面灭菌。

（2）采用高垄地膜覆盖和搭架栽培，配合滴灌、管灌等节水措施可有效控制病害。

（3）加强管理，避免阴雨天浇水，并注意浇水后加大通风，降低空气湿度。及时清除下部败花和老黄脚叶，发现病瓜小心摘除放入塑料袋内带到棚室外妥善处理。

（4）发病初期可使用 10% 多抗霉素可湿性粉剂、2 亿活孢子 /g 木霉菌可湿性粉剂、40% 嘧霉胺悬浮剂、50% 腐霉利可湿性粉剂和 50% 啶酰菌胺水分散粒剂等药剂进行喷雾防治。

（九）菌核病

菌核病为黄瓜的重要病害，主要在老菜区保护地内发生，发病棚室严重影响黄瓜生产。

【症状识别】

此病主要为害植株中下部幼瓜及茎蔓，重时亦为害叶片。幼瓜染病，多从顶端开始侵染，初呈水渍状暗绿色腐烂，后在病部产生浓密絮状白霉，随病害发展白霉转变成黑色鼠粪状菌核。茎蔓染病，初呈水渍状坏死，随后软化腐烂，病部呈绿褐色水渍状腐烂，干燥时，形成灰白色大型枯斑，潮湿时，病斑表面产生少量白色菌丝层（图6-18）。

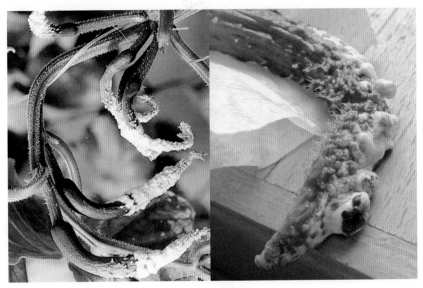

图6-18　菌核病

【发生规律】

病菌以菌核在土壤中越冬。当温度为5～20℃和吸足水分时，菌核萌发产生子囊盘，子囊弹放出子囊孢子经气流、浇水传播，引起植

株发病。棚室内主要通过病组织上的菌丝与健株接触传播。菌丝生长适宜温度范围较广，不耐干燥，相对湿度 85% 以上有利于发病。

【防控措施】

（1）黄瓜拉秧后，及时仔细清除植株病残体，将遗漏的菌核深埋在土壤深层，使之不能萌发出土。

（2）重病棚室，于春、夏换茬期进行日光能高温土壤处理，并注意防止病菌再传入。

（3）早春菌核大量萌发出土，子囊盘尚未弹放子囊孢子时，仔细铲除子囊盘。冬春季棚室注意通风排湿，生长期及时清除植株基部老黄叶和病株、病叶等。

（十）蔓枯病

蔓枯病是黄瓜的主要病害，分布广泛，主要在春、秋发生。病株率一般为 10% ～ 40%，产量损失 5% ～ 10%，严重时损失 30% ～ 60%。此病还为害多种其他瓜类作物。

【症状识别】

蔓枯病为害叶片，茎蔓和瓜条。叶斑较大，初为水渍状小点，以后变成圆形及椭圆形或不规则形斑灰褐至黄褐色，有轮纹，其上产生黑色小点。茎蔓病斑多为长条不规则形，浅灰褐色，上生小黑点，多引起茎蔓纵裂，易折断，空气潮湿时形成流胶，有时病株茎蔓上还形成茎瘤。瓜条受害初为水渍状小黑点，染病瓜条组织变朽，易开裂腐烂（图 6-19）。

【发生规律】

病菌以分生孢子器或子囊壳随病残体在土壤中或附着在架材上越冬，也可随种子传播。遇适宜条件时引起侵染，发病后病菌产生分生

图 6-19　蔓枯病

孢子，通过浇水、气流等传播，平均温度 18 ～ 25℃，相对湿度高于 85% 以上容易发病。黄瓜生长期高温、潮湿、多雨，植株生长衰弱，或与瓜类蔬菜连作则病害发生较重。

【防控措施】

（1）实行 2 ～ 3 年与非瓜类作物轮作，拉秧后彻底清除瓜类作物的枯枝落叶及残体。

（2）选用无病种子，或用开水变温浸种 5 ～ 10 min。

（3）施用充分腐熟的沤肥，适当增施磷肥和钾肥，生长期加强管理，避免田间积水，保护地增加通风，浇水后避免闷棚。

（4）发病初期进行药剂防治，可选用 250 g/L 嘧菌酯悬浮剂和 30% 苯甲·咪鲜胺悬浮剂防治。

（十一）疫病

疫病为黄瓜的重要病害，分布较广，保护地和露地都有发病，多造成零星死苗或死秧，严重时大片死苗或死秧，显著影响黄瓜生产。

【症状识别】

此病苗期至成株期均可发生，保护地内主要为害茎基部。幼苗染病，开始在嫩尖上出现暗绿色、水浸状腐烂，逐渐干枯，形成秃尖。成株期主要为害茎基部、嫩茎节部，开始为暗绿色水浸状，以后变软，明显缢缩，发病部位以上的叶片逐渐枯萎或全株枯死。湿度高时病部表面长出稀疏白霉，并迅速腐烂，剖茎维管束不变色。叶片染病多产生圆形或不规则水渍状大型病斑，边缘不明显，扩展迅速，干燥时呈青白色，易破裂穿孔，病斑扩展到叶柄时叶片下垂。瓜条或嫩茎染病，初为水渍状暗绿色，以后缢缩凹陷，最后腐烂，在病部产生稀疏白霉（图6-20）。

【发生规律】

病菌以菌丝体、厚垣孢子及卵孢子随病残体在土壤中越冬。条件适宜时越冬病菌接触到寄主即形成初侵染，25～30℃时1 d后即引起发病。病部产生游动孢子囊，萌发后形成游动孢子，通过风、雨及浇水传播，形成重复侵染。病菌9～37℃均可生长，最适温度23～32℃，相对湿度95%以上，并要有水滴存在。保护地多在春、秋温度较高时期发病，露地夏、秋雨后暴晴病害发展迅速。通常瓜类蔬菜连茬、平畦种植，土壤黏重，降水多、雨量大，浇水次数多及漫灌地块发病较重。

【防控措施】

（1）实行与非瓜类蔬菜2年以上轮作。采用无病土育苗，高垄或高畦地膜覆盖栽培。

图 6-20　疫病

（2）重病地块种植前用 20% 辣根素水乳剂进行土壤消毒，杀灭土壤中病菌，也可采用与黑籽南瓜嫁接防治。

（3）加强田间管理，避免偏施氮肥，增施磷、钾肥。雨后及时排水，防止田间积水。定植后适当控水，切忌大水漫灌。发病后延缓浇水，禁止下雨前浇水。发现中心病株及时拔除带到田外妥善处理。

（4）发病前或发病初及时进行药剂防治，喷药重点针对植株幼嫩和根茎部位，必要时中心病区可用药液灌根。可选用 40% 烯酰吗啉悬浮剂、66.5% 霜霉威盐酸盐和 60% 唑醚·代森联水分散粒剂等进行防治。

（十二）靶斑病

靶斑病为黄瓜的普通病害，局部地区分布，多在夏、秋季发病，轻时对生产无明显影响，严重时病株率常达100%，显著影响黄瓜生产。

【症状识别】

此病主要为害叶片，初期病斑呈淡黄褐色至灰褐色，近圆形，边缘有晕圈，以后变成灰绿色，多数病斑扩展，受叶脉限制呈不规则形或多角形，有的呈近圆形凹陷。潮湿时，病斑边缘呈水渍状，有的病斑中部呈黄褐色至灰褐色，上生灰黑色霉状物，即病菌的分生孢子梗和分生孢子。严重时多个病斑相互融合导致叶片枯死（图6-21）。

图6-21　靶斑病

【发生规律】

病菌以分生孢子丛或菌丝体随病残体在土中越冬，病菌还可以厚垣孢子和菌核越冬。条件适宜时产生分生孢子借气流或雨水飞溅传播，进行初侵染，发病后形成新的分生孢子进行重复侵染。温暖、高温有利于发病。发病温度20～30℃，相对湿度90%以上。温度25～27℃和湿度饱和时，病害发生较重。黄瓜生长中后期高温高湿，或阴雨天较多，或长时间闷棚，昼夜温差很大等均有利于发病。

【防控措施】

（1）采收后彻底清理病残株，减少田间菌源。

（2）重病地块实行与非瓜类、豆类作为 2～3 年以上轮作，控制发病。

（3）加强田间管理，雨后及时排水，保护地注意浇水后加强通风管理，降低空气湿度。

（4）发病初期进行药剂防治。可选用 1 000 亿活孢子 /g 荧光假单胞杆菌可湿性粉剂、30% 苯甲·嘧菌酯悬浮剂、苯甲·咪鲜胺水乳剂和 43% 氟菌·肟菌酯悬浮剂等进行防治。

（十三）根结线虫病

根结线虫病为黄瓜的重要病害，局部地区分布，发病后显著影响生产。

【症状识别】

此病主要为害根系，染病植株和幼苗在侧根或须根上，产生初期乳白色后为黄褐色大小不等的瘤状根结。解剖根结，病部组织内可见很多细小乳白色线虫。随病害发展根结之上可长出细弱新根，以后再度染病，形成根结。地上部症状表现因发病程度不同而异，轻病株症状不明显，重病株发育不良、植株矮小、叶片中午萎蔫或逐渐枯黄，最后枯死（图 6-22 至图 6-24）。

【发生规律】

南方根结线虫冬季可在多种蔬菜上为害繁殖越冬。北方菜区，线虫主要以雌成虫在根结内排出卵囊团随病残体在保护地土壤中越冬。温度回升，越冬卵孵化成幼虫，或部分越冬幼虫继续发育在土壤表层内活动。遇到寄主便从幼根侵入，刺激寄主细胞分裂增生形成巨细胞，

图 6-22 黄瓜苗传带线虫病

图 6-23 根结线虫为害地上部症状

图 6-24 根结线虫为害根部症状

过度分裂形成瘤状根结。幼虫在根结内发育为成虫，并开始交尾产卵。卵在根结内孵化，一龄幼虫留在卵内，二龄幼虫钻出寄主进行再侵染。北京郊区黄瓜上根结线虫 1 年多为 2 代，主要分布在 20 cm 表土层内，3 ～ 10 cm 最多。主要通过病土、病苗、浇水和农具等传播。土温 20 ～ 30℃，湿度 40% ～ 70% 条件下线虫繁殖很快，容易在土内大量积累。一般地势高燥、土质疏松，及缺水缺肥的地块或棚室发生较重，通常温室重于大棚，大棚又重于露地。此外，重茬种植发病较重。

【防控措施】

（1）无病土育苗，病害常发生区选用无虫土或大田土育苗，施用不带病残体或充分腐熟的有机肥，也可用基质育苗，同时注意防止人为传播。

（2）重病地块收获后应彻底清除病根残体，深翻土壤 30 ～ 50 cm，在春末夏初进行日光高温消毒灭虫。即在前茬拉秧后分别施石灰粉和碎稻草 4.5 ～ 7.5 t/hm^2，翻耕混匀后挖沟起垄或作畦，灌满水后盖好地膜并压实，再密闭棚室 10 ～ 15 d，可将土中线虫及病菌、杂草等全部杀灭。处理后注意增施生物菌肥。

（3）药剂处理土壤，即在播种或定植前根据药剂性质进行土壤处理，可在定植前选用 20% 辣根素水乳剂进行土壤消毒，或使用 10% 噻唑膦颗粒剂、0.5% 阿维菌素颗粒剂拌土后均匀撒施或穴施、沟施。

（十四）化瓜

化瓜为黄瓜常见的生理病害，管理不当或生育后期经常发生，显著影响黄瓜生产。

【症状识别】

化瓜主要表现为幼嫩瓜条花未开放就逐渐黄化萎缩，最后死亡，或已经坐住的瓜条停止生长，逐渐褪绿变黄，最后萎缩坏死（图 6-25）。

【发生规律】

化瓜为生理病害，多发生在黄瓜结瓜初期或后期。引致化瓜的原因较多，主要因棚室内高温干燥，叶片老化，或因天气不好、管理不当，叶片光合作用能力弱，或施用肥料过多、水分不足造成伤根，或土壤潮湿但地温和气温偏低发生沤根，或因土壤溶液对植株生长不适宜，根系吸收能力减弱等使植株不能提供瓜条正常生长发育所需的养

图6-25　化瓜

分而出现化瓜。单性结实能力较弱的品种，低温或高温时妨碍其受精，容易出现化瓜。

【防控措施】

由于造成化瓜的原因较复杂，防止化瓜需及时查明化瓜原因，有针对性地采取防治措施。

（1）属地上部营养不足出现化瓜，需加强温湿度管理，尽量增强叶片光合作用能力，可叶面喷5%氨基寡糖素水剂等植物免疫诱抗剂。

（2）因根系生理机能受抑制造成化瓜，需及时中耕松土，必要时，轻浇水后再追肥松土，提高低温，促进根系生长发育。

（3）因品种特性化瓜，可在雌花开花后分别喷赤霉素、吲哚乙酸、腺嘌呤，促使幼瓜生长发育。也可进行人工授粉，刺激子房膨大，减少化瓜。

（十五）低温障碍和冻害

低温障碍和冻害是黄瓜常见非侵染性伤害，冬、春保护地种植管理不当时有发生，重时明显影响生产。

【症状识别】

低温障碍和冻害可表现多种症状，轻者叶片组织褪绿呈黄白色。长时间持续低温植株往往不发根或不分化花芽；严重时，部分叶肉组织坏死导致部分叶片枯死。严重受害植株开始呈水渍状，以后干枯死亡。植株遭受寒流突然袭击，幼嫩叶片呈水渍状坏死后不能恢复正常，中部功能叶受害初期沿叶脉形成黄褐色水渍状，以后形成掌状黄脉（图6-26）。

【发生规律】

低温为黄瓜早春或晚秋受生理伤害的重要因素。寒流侵袭或突然降温或降雨，可造成轻微受害，温度接近植株冰点时造成寒害。低温使植株发生冰冻时造成冻害。当气温低于 3 ~ 5℃时黄瓜生理机能出

图6-26　低温障碍和冻害

现障碍，根毛原生质在 10 ～ 12℃ 即停止流动。低温时，根细胞原生质流动缓慢，细胞渗透压降低，导致水分供求失衡，植株受冻害。温度低到冻结状态时细胞间隙的水分结冰，使细胞原生质的水分析出，冰块逐渐加大致细胞脱水，或使细胞胀离死亡。此外，植株上存在冰核细菌（INA），可使植株细胞溶液在 –5 ～ –2℃ 时结冰而发生冻害。

【防控措施】

（1）低温锻炼，提高植株抗低温能力。

（2）选择晴天定植，霜冻前浇小水，或采用熏烟及临时供暖补温，预防寒害与冻害。

（3）寒冷季节加强棚室保温措施，适时适量通风，谨防寒风侵入。

（4）在低温季节种植黄瓜时，可在黄瓜生育期内多次喷施 5% 氨基寡糖素水剂，提高植株抗逆性。

（十六）花打顶

花打顶为黄瓜常见的生理病害，管理不当，时有发生，延迟瓜果的生长发育，显著影响黄瓜的产量和质量。

【症状识别】

此病多在早春、晚秋或冬季较冷凉季节发生，主要表现苗期至结瓜初期植株顶端节间和叶片紧缩，不形成心叶，花蕾密集成簇或出现花、叶抱头，即生长点急速形成雌花和雄花间杂的花簇，不能正常开花坐瓜（图 6-27）。

【发生规律】

造成花打顶的原因主要有以下几方面。

（1）黄瓜定植时，过量穴施、沟施有机肥、农家肥，或定植后，浇水不及时、过度蹲苗,造成田间土壤溶液浓度高,或持水量小于 22 %,

图6-27 花打顶

相对湿度低于65%，导致根尖成铁锈色或局部坏死，根系不能正常吸收水分会发生花打顶。

（2）土壤温度低于10℃，田间持水量大于25%，土壤相对湿度高于75%时造成沤根，根系生长受抑制，降低了根系的活动能力，因植株严重缺水形成花打顶。

（3）夜间温度低，叶片在白天进行光合作用制造营养物质，要求夜间适宜温度时输送到各个器官。当夜温低于10℃时，只能输送1/2同化物质，其余的贮存在叶片内，直接影响光合作用的正常进行，使叶片呈深绿色，叶面凹凸不平，或植株矮小皱缩，最终表现出营养障碍型花打顶。

（4）因管理不当使植株根系受到伤害，长期未能恢复，造成植株吸收养分受抑制而出现花打顶。

【防控措施】

（1）烧根引致花打顶，应及时适量浇水，使土壤持水量达到22%，相对湿度达到65%，浇水后及时中耕，促使恢复正常生长。

（2）对沤根型花打顶，应适当增加中耕，加强地温管理，尽快使

地温提高到 12℃ 以上。发现根系出现灰白色水渍状时停止浇水，及时中耕，必要时扒沟晒土，尽可能提高地温、降低土壤含水量。同时摘除结成的小瓜，促进根系生长，当新根长出，植株恢复正常生长发育后，即可转为正常管理。

（3）夜温低造成花打顶应设法提高夜温，使前半夜气温达到15℃，持续 4～5 h，后半夜保持在 10℃ 左右即可。

（4）伤根造成花打顶，应采取保秧护根措施，注意中耕时尽量少伤根，防止温度、水分和营养不良影响根系生长。

二、黄瓜常见虫害及防治

（一）美洲斑潜蝇

美洲斑潜蝇（*Liriomyza sativae* Blanchard）属双翅目潜蝇科。在我国内蒙古、新疆等多省区均有分布。在北方地区可为害 130 多种蔬菜和花卉。以番茄、黄瓜、架豆等蔬菜受害最为严重。

【为害特点】

主要以幼虫钻蛀叶肉组织，在叶片上形成由细到宽的蛇形弯曲隧道，多为白色，有的后期变为铁锈色，白色隧道内交替排列呈黑色线状粪便。严重时叶片在很短时间内就被钻花干枯。成虫产卵和取食还刺破叶片表皮，形成白色坏死产卵点和取食点，严重影响光合作用，大量蒸发水分，致使叶片坏死（图 6-28 至图 6-32）。

【形态特征】

成虫小，体长 1.3～2.3 mm，浅灰黑色，胸背板亮黑色，体腹面黄色，雌虫体比雄虫大。卵米色，半透明。幼虫蛆状，初无色，后变为浅橙黄色至橙黄色，长 3 mm。

图 6-28　美洲斑潜蝇为害黄瓜叶片

图 6-29　美洲斑潜蝇为害黄瓜叶片

图 6-30　美洲斑潜蝇幼虫

图 6-31　美洲斑潜蝇蛹

图 6-32　美洲斑潜蝇成虫

【生活习性】

一年可发生 10 ～ 12 代，具有暴发性。以蛹在寄主植物下部的表土越冬。一年中有 2 个高峰，分别为 6—7 月和 9—10 月。美洲斑潜蝇适应性强，寄主范围广，繁殖能力强，世代短，成虫具有趋光、趋绿、趋黄、趋蜜等特点。每年 4 月气温稳定在 15℃ 左右时，露地可出现美洲斑潜蝇被害状。成虫以产卵器刺伤叶片，吸食汁液。雌虫把卵产在部分伤孔表皮下，卵经 2 ～ 5 d 孵化，幼虫期 4 ～ 7 d。末龄幼虫咬破叶表皮在叶外或土表下化蛹，蛹经 7 ～ 14 d 羽化为成虫。每世代夏季 2 ～ 4 周，冬季 6 ～ 8 周。美洲斑潜蝇等在我国南部周年发生，无越冬现象。世代短，繁殖能力强。

【防控措施】

（1）发生较重的地区，实行与非喜食蔬菜轮作，北方地区冬季进行 1 ～ 2 个月休闲。

（2）收获完毕及时清除田间植株残体和杂草，有虫植物残体必须高温堆沤处理。保护地在尚未拉秧前 40℃ 以上高温闷棚，杀灭残存虫蛹。

（3）种植前翻耕土壤 30 cm 以上，害虫发生期增加中耕和浇水，破坏化蛹，减少成虫羽化。

（4）轻发区加强田间调查，发现受害叶片及时摘除，集中沤肥或掩埋。

（5）悬挂 30 cm×40 cm 大小的橙黄或金黄色黄板涂粘虫胶、机油或色拉油诱杀成虫。

（6）在虫害发生初期进行药物防治，防治成虫施药宜在晴朗早晨或傍晚，可选用 1.8% 阿维菌素乳油、50% 灭蝇胺可湿性粉剂、10% 溴氰虫酰胺可分散油悬浮剂等药剂喷雾防治，注意交替轮换准确用药。

（二）烟粉虱

烟粉虱 [*Bemisia tabaci*(Gennadius)] 属同翅目粉虱科，又名棉粉虱，分布于日本、马来西亚、印度等国及非洲、北美地区，为害十字花科、葫芦科、豆科、茄科、锦葵科等多种蔬菜和一些其他作物。

【为害特点】

成虫和若虫吸食寄主植物的汁液，致叶片褪绿，变黄，萎蔫，甚至全株枯死。同时分泌大量蜜露诱发煤污病，影响叶片光合作用，污染叶片和果实，严重时使蔬菜失去商品价值。此外，还传播多种病害。

【形态特征】

成虫体长 1mm，较温室白粉虱小，白色，翅透明，具白色细小粉状物，停息时双翅在体上合成屋脊状，较温室白粉虱更明显。蛹长 0.55 ～ 0.77 mm，宽 0.36 ～ 0.53 mm。背部刚毛较少，4 对，蜡孔少。头部边缘圆形，较深弯。胸部气门褶不明显，背中央具疣突 2 ～ 5 个。侧背腹部具乳头状突起 8 个。侧背区微皱不宽，尾脊变化明显，瓶形孔大小（0.05 ～ 0.09）mm ×（0.03 ～ 0.04）mm，唇舌末端大小（0.02 ～ 0.05）mm ×（0.02 ～ 0.03）mm。盖瓣近圆形。尾沟 0.03 ～ 0.06 mm（图 6-33 至图 6-36）。

【生活习性】

原产于北美西南部，其后传入欧洲，现广布世界各地。在北方，温室一年可生 10 余代，以各虫态在温室越冬并继续为害。成虫有趋嫩性，烟粉虱的种群数量，由春至秋持续发展，夏季的高温多雨抑制作用不明显，秋季数量达到高峰，集中为害瓜类、豆类和茄果类蔬菜。在北方由于温室和露地蔬菜生产紧密衔接和相互交替，可使烟粉虱周年发生此虫世代重叠严重。寄主植物达 600 种以上，包括多种蔬菜、

图 6-33　温室白粉虱

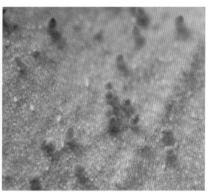

图 6-34　温室白粉虱卵

图 6-35　温室白粉虱幼虫

图 6-36　温室白粉虱为害黄瓜叶片

花卉、特用作物、牧草和木本植物等。尤偏嗜黄瓜、番茄、烟草、茄子和豆类。成、若虫聚集寄主植物叶背刺吸汁液，使叶片褪绿变黄，萎蔫以至枯死；成、若虫所排蜜露污染叶片，影响光合作用，且可导致煤污病及传播多种病毒病。除在温室等保护地发生为害外，对露地栽培植物为害也很严重。在自然条件下不同地区的越冬虫态不同，一般以卵或成虫在杂草上越冬。繁殖适温 18 ～ 25℃，成虫有群集性，对黄色有趋性，营有性生殖或孤雌生殖。卵多散产于叶片上。若虫期共 3 龄。各虫态的发育受温度因素的影响较大，抗寒力弱。早春由温室向外扩散，在田间点片发生。

【防控措施】

（1）清洁田园，减少虫源。烟粉虱可在杂草上大量繁殖，成为传播的源头，因此一定要注意清除田间和棚室周围杂草，保持棚室周围清洁。

（2）合理布局，交替轮作。实行与非喜食寄主蔬菜轮作，避免茄果类、瓜豆类、十字花科叶菜类相互混栽套种。

（3）培育无虫苗。苗棚和生产棚要分开，育苗前要对苗棚彻底消毒、清除杂草，及时清除有虫苗，定植前可用药剂进行一次防治，确保实行无虫苗移栽定植。

（4）设置防虫网。在生产棚室通风口设置 50 目防虫网，阻隔烟粉虱成虫迁入。

（5）色板诱杀。在苗棚及定植早期的棚室内悬挂黄板诱杀，悬挂于植物生长点上方 5 ～ 10 cm 处，每亩地悬挂规格为 30 cm×40 cm 的黄板 25 ～ 30 块。

（6）白粉虱世代重叠，各虫态同时存在，药剂防治时要防早、治小，在烟粉虱种群密度低时及时防治，低龄烟粉虱若虫蜡质薄，不能爬行，接触农药的机会多，抗药性差，易防治，可选用 240 g/L 螺虫乙酯悬浮剂、10% 氯噻啉可湿性粉剂、20% 呋虫胺可溶粒剂、10% 吡虫啉可湿性粉剂、25% 扑虱灵可湿性粉剂，施药时间宜在清晨或傍晚成虫活动力不强时喷药，应注意选用不同有效成分药剂轮换用药，可提高杀虫效果。另外可采用 10% 异丙威等烟剂进行熏棚处理，效果较好。施药后应注意安全间隔期，不能提前采收。

（三）瓜蚜

瓜蚜（*Aphis gossypii* Glover）属半翅目蚜科。全国分布，主要为害瓜类蔬菜。

【为害特点】

瓜蚜以成虫和若虫在叶片背面和幼嫩组织上吸食作物汁液。瓜苗嫩叶和生长点受害后，叶片卷缩，瓜苗萎蔫，严重时枯死。老叶受害，提前老化枯落，缩短结瓜期或影响幼瓜生长，造成减产。也传播病毒病（图6-37）。

【形态特征】

翅胎生雌蚜体长不到2 mm，身体有黄、青、深绿、暗绿等色。触角约为身体一半长。复眼暗红色。腹管黑青色，较短。尾片青色。有翅胎生蚜体长不到2 mm，体黄色、浅绿或深绿。触角比身体短。翅透明，中脉三岔。卵初产时橙黄色，6 d后变为漆黑色，有光泽。卵产在越冬寄主的叶芽附近。无翅若蚜与无翅胎生雌蚜相似，但体较小，腹部较瘦。有翅若蚜形状同无翅若蚜，二龄出现翅芽，向两侧后方伸展，端半部灰黄色（图6-38）。

【生活习性】

瓜蚜在华北地区年发生10余代，长江流域20～30代。以卵在越冬寄主上或以成蚜、若蚜在温室内蔬菜上越冬或繁殖为害。春季气温6℃以上开始活动，在越冬寄主上繁殖2～3代后，于4月底产生有翅蚜迁飞到陆地蔬菜上繁殖为害，秋末冬初又产生有翅蚜迁入保护地，可产生雄蚜与雌蚜交配产卵越冬。春、秋季10 d左右完成一代，夏季4～5 d繁殖一代，每雌产若蚜60余头。繁殖室温16～20℃，北方超过25℃，南方超过27℃，相对湿度高于75%，不利于瓜蚜繁殖。北

图 6-37　瓜蚜为害黄瓜叶片

图 6-38　瓜蚜

方露地 6—7 月中旬、下旬虫口密度最高，为害最重，7 月中旬以后高温高湿和雨水冲刷，瓜蚜为害最轻。

【防控措施】

（1）选择叶面多毛的抗虫品种，提早播种，及时铲除田边、沟边、塘边等处杂草，可消灭部分蚜源。及时处理枯黄老叶及收获后的残株，清洁田园。

（2）在田间设置银色膜避蚜，覆盖或挂条均可。还可起预防病毒病的作用。

（3）田间释放天敌昆虫，如各种蜘蛛、瓢虫、草蛉、食蚜蝇、蚜茧蜂等。

（4）田间悬挂黄色诱虫板，监测和诱杀有翅蚜。

（5）在虫害发生初期进行药物防治，可选用 5% 啶虫脒悬浮剂、10% 溴氰虫酰胺可分散油悬浮剂、40% 噻虫啉悬浮剂等药剂喷雾防治，注意交替轮换准确用药。

（四）黄蓟马

黄蓟马（*Thrips palmi* Karny），属缨翅目蓟马科，又名棕榈蓟马，瓜蓟马，棕黄蓟马。我国多省均有分布。为害葫芦科、豆科、十字花科、茄科等数十种蔬菜。

【为害特点】

黄蓟马以成虫和若虫锉吸瓜果，豆类蔬菜的嫩梢、嫩叶、花和果的汁液，使被害组织老化坏死，枝叶僵缩，植株生长缓慢，幼瓜、嫩荚或幼果表皮硬化变褐或开裂，严重影响作物的产量与质量（图 6-39 和图 6-40）。

【形态特征】

成虫体长 1mm，金黄色。头近方形，复眼稍突出。单眼 3 只，红色，排成三角形。单眼间鬃位于单眼三角形连线外缘。触角 7 节，翅 2 对，周围有细长缘毛，腹部扁长。若虫黄白色，3 龄，复眼红色。卵长椭圆形，白色透明，长 0.2 mm（图 6-41）。

图 6-39　蓟马为害黄瓜叶片　　　　　　图 6-40　蓟马为害瓜条

图 6-41　黄蓟马

【生活习性】

黄蓟马在广东年发生 20 多代, 广西 17 ～ 18 代, 浙江 11 ～ 12 代, 北方地区可发生 8 ～ 10 代, 保护地内可周年发生。在南方可终年繁殖, 世代重叠严重。发育适温 15 ～ 32℃, 2℃仍可生存。卵、若虫、蛹及全代发育起点温度和有效积温分别为 10.8℃·d、70.4℃·d；12.1℃·d、79.6℃·d；12.2℃·d、59.9℃·d；11.7℃·d、209.9℃·d。卵期 2 ～ 9 d, 若虫期 3 ～ 11 d, "蛹期" 3 ～ 12 d, 成虫寿命 6 ～ 25 d。成虫从土壤内羽化爬出土表后向上移动, 较活跃, 有强烈的趋光性和趋蓝色习性, 在作物叶片上 "跳跃" 飞动, 多在幼嫩多毛的部位取食。雌成虫主要营孤雌生殖, 偶行两性繁殖。卵散产于叶肉组织内。每雌产卵 22 ～ 35 粒。若虫怕光, 多聚集在叶背取食, 到三龄末期落入土中 "化蛹", 在离土表 3 ～ 5 cm 处栖息。土壤含水量 8% ～ 18% 时, "化蛹" 和羽化率最高, 骤然降温易死亡。南方在春季和秋季分别出现为害高峰, 以秋季严重。北方地区多在夏、秋季形成严重为害。主要天敌有草蛉类

（*Chrusopidae*）、东亚小花蝽（*Orius sauturi*）、小花蝽（*O.minutus*）和蜡蚧轮枝菌（*Verticillium lecanii*）及蜘蛛等。

【防控措施】

（1）每茬收获完毕，彻底清除田间植株残体和田间附近的野生寄主，注意妥善处理。

（2）避免瓜类、豆类、茄果类蔬菜间作、套种。提前或延后种植，避开为害高峰期。

（3）地膜覆盖栽培。黄蓟马发生时期适当增加田间浇水。

（4）黄蓟马发生初期采用蓝板诱杀。

（5）田间可释放天敌昆虫小花蝽、草蛉等进行生物防治。

（6）适时进行药剂防治。此虫繁殖快，易形成灾害，防治应立足于早期，通常单株虫口达 3～5 头即需喷药防治。可选用 20% 呋虫胺可溶粒剂、20% 啶虫脒可溶液剂、10% 溴氰虫酰胺可分散油悬浮剂等药剂喷雾防治。

（五）瓜绢螟

瓜绢螟 [*Diaphania indica*（Saunders）] 属鳞翅目螟蛾科。为害黄瓜、甜瓜等多种瓜类蔬菜，在我国华北、华中、华南等地区均有分布。

【为害特点】

幼虫为害叶片。低龄幼虫在叶背啃食叶肉，残留表皮呈灰白斑，3 龄后吐丝将叶和嫩梢缀合，匿居其中取食致使叶片穿孔或缺刻，严重时仅剩叶脉。幼虫也常蛀入瓜内取食，影响产量和质量。

【形态特征】

成虫体长 10～11 mm，翅展 25 mm。头、胸黑色。腹部白色，但第一、第七、第八节黑色，末端具黄褐色毛丛。前、后翅白色透明，略带紫色。前翅前缘或外缘，后翅外缘呈黑色宽带。卵扁平，椭圆形淡黄色，表面有网文。末龄幼虫体长 23 ～ 26 mm。头部、前胸背板淡褐色，胸腹部草绿色，亚背线呈两条较宽的乳白色纵带，气门黑褐色。蛹长约 14 mm，深褐色，头部完整尖瘦，翅端达第六腹节。外被薄茧（图 6-42）。

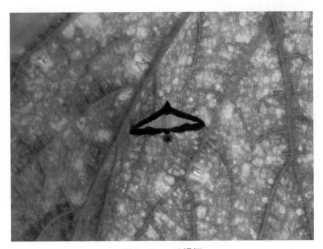

图 6-42　瓜绢螟

【生活习性】

在广东年发生 6 代。以老熟幼虫或蛹在枯叶或表土内越冬。翌年 4 月底羽化，5 月幼虫为害，7—9 月发生数量多，世代重叠，为害严重，11 月后进入越冬期。成虫夜间活动，稍有趋光性。雌蛾产卵于叶背，散产或几粒在一起。每雌可产卵 300 ～ 400 粒。幼虫 3 龄后卷叶取食，在卷叶或落叶中化蛹。卵期 5 ～ 7 d；幼虫期 9 ～ 16 d，共 4 龄；蛹期 6 ～ 9 d；成虫寿命 6 ～ 14 d。

【防控措施】

（1）及时清理瓜地，消灭藏匿于枯蔓落叶中的虫蛹。

（2）幼虫发生初期及时摘除卷叶，以消灭部分幼虫。

第七章
灌溉和施肥

一、灌溉

　　水是作物生长的基础，黄瓜不同生长阶段的用水量和灌溉方式不同，科学合理的灌溉方式能促进黄瓜健康生长，获得较高的产量和较好的品质，同时可以减少病害发生，提高水分和肥料利用率。

　　科学灌溉模式应是根据种植地区土壤含水量、蒸发量，结合作物生育期需水特点综合制定。使用土壤张力计等设备定期监测土壤含水量，结合气象数据记录蒸发量，在此基础上，根据黄瓜各生育阶段所需达到的土壤含水量，计算出灌水量。

　　常用节水灌溉方式有沟灌、喷灌、滴灌、渗灌等，其中以膜下滴灌使用最为广泛。膜下滴灌是将水直接供应到根系分布层，水分利用率高于其他灌溉方式，在节约用水的同时防止灌溉水量过大后地温下降，有利于植株生长。

　　一般在黄瓜定植当天浇缓苗水，要浇透至根系周围土层，促进根系生长。在定植后 12 ～ 13 d 浇扎根水，此时瓜苗刚刚长出新根尖，须及时灌一次扎根小水。当黄瓜植株长到 14 ～ 16 cm 时，要及时灌溉

催瓜水，以保证黄瓜的产量和效益。黄瓜植株生长旺盛有徒长趋势时，应控制水分。开花至果实膨大期，每5～7 d浇水一次，适当加大灌水量。采收期，每6～8 d浇水一次，适当控制水量，采收后期酌情减少灌水量。浇水一般结合追肥进行。

二、施肥

黄瓜栽植前要对种植区土壤进行分析，测定内容应包括土壤类型、pH值、有机质、全氮、有效磷、速效钾等养分含量，以及镉、汞、砷、铅、铬等重金属元素含量。依据土壤养分测定数据、黄瓜不同时期需肥特点，结合产量目标、土壤类型、耕作制度等因素，综合制定黄瓜施肥计划。植株生长过程中，分别在黄瓜幼苗期、现蕾期、果实膨大期、采收期等不同阶段，采集地上部植株叶片样品，分析测定叶片的全氮、全磷、全钾和矿物质含量变化，分析监测植物营养水平，核实施肥计划和矿物元素缺失情况。

黄瓜生长需要氮、磷、钾等多种营养元素。生产1 000 kg黄瓜需要吸收氮（N）2.8～3.2 kg，磷（P_2O_5）1.2～1.8 kg，钾（K_2O）3.3～4.4 kg，钙（Ca）2.9～3.9 kg，镁（Mg）0.6～0.8 kg。黄瓜生长期间对营养元素吸收动态，大致符合"S"形曲线。以氮的吸收为例，定植时，黄瓜吸收的氮素占全生育期1.9%，定植30 d后增至26.9%，定植50 d后猛增至全生育期的59.6%，70 d后吸收量占到全生育期的82.9%，后逐渐减少。

育苗肥：苗床施用腐熟有机肥，补施磷肥。每10 m^2苗床施用腐熟有机肥60～100 kg，钙镁磷肥0.5～1 kg，硫酸钾0.5 kg，根据苗情喷施0.05%～0.1%尿素溶液1～2次。

底肥：一般以有机肥为主，常用量为每亩 4 000 ～ 5 000 kg，并配撒施 40%（15-5-20）复合肥 30 kg。

追肥：定植后至采收结束，应进行多次追肥。追肥的原则是薄施、勤施，少量多施。一般结合浇催瓜水施肥。每亩施腐熟有机肥 1 000 kg，硝铵 8 ～ 10 kg，过磷酸钙 10 ～ 15 kg，氯化钾 5 ～ 10 kg。根瓜收摘后，瓜秧逐渐繁茂，一般采用顺水追肥。原则上每隔 1 次浇水，顺水追肥 1 次。追肥时增施磷、钾肥。每亩施腐熟有机肥 800 ～ 1 000 kg，碳铵 25 ～ 30 kg，过磷酸钙 10 ～ 15 kg，氯化钾每亩 5 ～ 10 kg。伴随结瓜期的旺盛生育，逐渐增加浇水和追肥次数。采取这种少量多次的追肥方法，能满足黄瓜营养生长和生殖生长对养分的需要，使之生长协调，避免"化瓜"。

肥料管理：从正规渠道采购合格肥料，购买时索取凭证或发票。不得采购非法销售的肥料或超过保质期的肥料。应建立仓库单独存放肥料，要求仓库清洁、干燥，存放条件良好，避免污染环境。建立购入、库存、领用台账，专人负责肥料保管和肥料使用情况记录。对购入的有机肥，应进行有机质、矿物质、重金属元素等化学成分含量分析，避免重金属超标，降低污染风险，养分含量可作为肥料施用的依据。

第八章
采收、准备和产品的销售

一、采收

（一）采收期的确定

黄瓜从播种到采收所需天数随温度高低而不同，一般为 60 ~ 80 d。黄瓜的不同品种、不同生长状况、不同市场需求、不同贮藏和运输条件，导致采收时间不尽相同，但都要求在嫩瓜状态采收。黄瓜采收时应注意以下问题。

1. 采前控水

需要长途运输和贮藏的黄瓜，在收获前 2 ~ 3 d 停止浇水，可有效增强其耐藏性，减少腐烂，延长黄瓜的采后保鲜期。

2. 安全间隔期

黄瓜生产过程中会使用一些无公害蔬菜允许使用的农药，为了消费安全，只有达到了农药安全间隔期时才可以采收。

3. 避雨、露水

不要在雨后和露水较大时采收，否则黄瓜难保鲜，极易引起腐烂。

4. 低温采收

尽量在一天中温度最低的清晨采收，可减少黄瓜所携带的田间热，降低菜体的呼吸，有利于采后品质的保持。忌在高温、暴晒时采收。

（二）采收准备

制定卫生操作程序，规范采收和内部运输行为。通过清洗维护，保持采收容器、工具和设备卫生。采收作业场所内有固定或移动的洗手设施和卫生间，并要求卫生状况良好。采收人员在采收前或采收中途离开去卫生间回来应按卫生操作要求清洁或消毒。采收前应对产品农药残留、重金属、硝酸盐等有害物质进行检验，保证产品符合相关质量安全要求。包装物应洁净无污染，并妥善存放。再利用的包装物品，应清洗干净，防止有害物质污染。采收完毕时，应对采收工具、容器、作业场所等进行清洁或消毒。

（三）采收方法

采收黄瓜时，先用一只手托住瓜，另一只手用圆头而锋利的采果剪将果柄轻轻剪断，果柄留 1 cm 长左右，并拭去果皮上的污物。采收过程中，去除病果、伤果、畸形果，将淘汰的果实集中处理，注意避免机械损伤瓜皮。

二、采后处理

黄瓜采收后仍进行着旺盛的生理代谢活动，水分含量不断下降，内含物不断发生变化，伴随着乙烯释放量的增加和病原菌的侵入，果实迅速衰老、腐烂。采收后应尽快采取相应措施处理果实，以延长黄瓜的贮藏期和货架期。

将采收后的黄瓜清洗，按照果实大小和色泽分级，根据市场需求和消费者喜爱分别包装，运往超市或顾客家中。

三、包装

用于包装的容器要有一定的机械强度，能够承受相应重量的产品，容器还应美观、整洁、无异味，同时具有良好的防潮性和透气性，内壁光滑无突出物，防治黄瓜受伤腐烂。每批次的产品应有一致的包装，并在包装外注明商标、品名、净重、产地和生产日期等相关信息（图 8-1 和图 8-2）。

图 8-1　包装好的黄瓜产品

图 8-2　包装好的蔬菜产品

四、销售和贮存

黄瓜在销售过程中消费者起主导作用，消费者在购买黄瓜产品时，首先关注的是黄瓜外观，如色泽、鲜亮度、包装等，随后再考虑黄瓜的内在品质，如品种、口感等，近些年食品安全问题越来越受到消费者重视，农药残留等问题、是否贴有绿色安全标签也变得尤为重要。

黄瓜在贮藏前要先进行预冷处理，释放田间热，防治贮藏期间田间热使温度升高而不利于贮藏。黄瓜短期贮藏要放在阴凉、清洁、通风的场所，防止产品暴晒、雨淋、高温、冷害、病虫鼠害侵袭等，长期贮存，如在温度较高的季节要放在有冷藏条件的贮藏库中，保持库中温度在 10 ～ 13℃，空气相对湿度 90% ～ 95%，通风条件良好。贮藏期间要定期检查，一般每 5 ～ 6 d 要检查 1 次，发现有腐烂、变质的黄瓜要及时处理。

第九章
记录、跟踪和认证

一、记录

（一）记录的重要性

农事记录可以帮助操作者养成良好种植习惯，为操作者提供种植参考。通过详细记录种植过程中的投入及产出，可帮助掌握病虫害发生规律，做到精细化管理，正确规范合理地操作，发挥科技手段的巨大威力，最终达到实现农作物效益最大化的目的。

1. 总结经验教训，作为日后工作的参考

通过对农事操作原始数据的记录、分析和总结，为农事操作提供有力的参考数据，同时便于对质量和存在的问题监督检查，日后再做类似农事操作时，就会少走弯路，提高工作效率。

2. 便于工作的回溯，分清责任

将农事操作中的每一个步骤详细记录下来，当种植出现问题时就可以进行回溯，查明问题到底出在什么地方，责任人是谁，最终找到解决办法，使农业管理逐步走向规范化、制度化。

3. 帮助农事操作者提高工作能力，提高整体素质

目前农事操作者以农民居多，知识水平有限，种植素质相对较低。通过良好的农事记录，可以有依据、有针对地对工作中出现的问题提

出解决措施，帮助提高其工作能力，提高整体素质。而工作能力及整体素质的提高，可明显提高工作效率和工作质量。

（二）农事记录的要求

（1）必备工具：田间档案记录本、可久留存字迹的水笔或签字笔。禁止使用铅笔进行农事记录。

（2）记录的要求：及时性、真实性。

（3）检查：由相关植保植检单位定期监督记录。

（4）记录保存：记录完毕后，由相关植保植检单位依日期先后归档，以备查询，避免损坏、变质、丢失。

（三）记录内容

1. 基本信息记录

（1）种植者信息（姓名、教育水平、联系方式）。

（2）生产类型（温室、露地、大棚）。

（3）认证类型（无公害、绿色、有机）。

（4）历史栽培记录（前2年种植品种、主要病虫害、药剂和肥料前茬使用量、金额和票据等情况）。

（5）用工情况（工作时间、工资）。

（6）地块属性（租用、自建）。

（7）生产设备（投入金额、使用年限、覆盖面积）。

（8）包装/贮存（包装规格、贮存数量、贮存状态）。

（9）销售情况（时间、数量、规格、收购商信息）。

（10）运输记录（承运人、消毒情况、相关协议）。

如有条件，记录还应包括种植环境相关信息，如灌溉水源、土壤分析（pH值、EC值，有机质含量和质地组成）。具体可参考表9–1。

表 9-1　农事记录基本信息

种植者姓名		文化程度		联系方式	
生产类型		1. 温室　2. 露地　3. 大棚			
地块认证类型		1. 无公害　2. 绿色　3. 有机			
现种植茬口	蔬菜名称	面积（亩）	产量（0.5 kg）	销售价格（元 / 0.5 kg）	
前茬作物	主要病虫害		药剂、肥料使用情况		
工人工资	1. 元 / 月		2. 元 / 工时		
地块属性	1. 租用	年租金	元 / 亩　元 / 棚		
	2. 自建	类别	总价（元）	使用年限 / 年	
		大棚建设（含土建、钢架等）			
		棚膜			
		棚外苫被			
生产设备	名称	单价（元）	使用年限（年）	覆盖面积（亩）	
	旋耕机				
	滴灌设备				
	施药器械				
	残体处理设备				
	自动卷帘机				
	温控设备				
包装（是 / 否）		包装规格			
贮存（是 / 否）		贮存数量			
贮存状态		1. 冷藏贮藏　2. 冷冻贮藏　3. 通风贮藏　4. 常温贮藏			
销售时间	销售数量	销售规格	收购商信息		
承运人	车辆消毒情况		相关 / 其他协议		

2. 生产记录

依据北京市蔬菜病虫全程绿色防控技术体系，种植黄瓜应从育苗、产前、产中和产后 4 个时间段详细记录种植管理情况。种植结束后还应记录种植全程总用水、电量及金额，以及总用工工时，如雇佣工人，还应记录工资金额。

（1）育苗记录。育苗记录日期应从育苗准备之日算起，至移栽之日结束。记录时着重填写基质及种子类别、购买时间、数量、金额及供应人，以及是否索取发票，除此以外还应记录棚室、种子消毒情况。

（2）产前记录。产前记录日期应从定植或播种（直播）准备之日算起，至定植或播种之日结束。记录时着重填写全员清洁、棚室及土壤消毒情况，施用底肥种类、数量及金额，除此以外还应记录种苗处理情况，如购买种苗还应记录种苗类别、购买时间、数量、金额及供应人，并索取发票。

（3）产中记录。产中记录日期应从定植（或直播）之日算起，至拉秧之日结束。记录时着重填写浇水、追肥、打药和采收情况。每次浇水应记录日期、用水量。追肥和打药时除记录日期、施用量外，还应记录肥料（药剂）种类及施用方式。

（4）产后记录。产后记录日期应从拉秧之日算起，至植株残体全部处理完毕之日结束。记录时着重填写植株残体及农业废弃物处理情况。

3. 病虫害记录

目前随着黄瓜种植面积的增加，种植技术的不断完善，过去单一的露地栽培，逐步被地膜覆盖、高垄栽培和温室大棚所取代，种植条件的改善也为黄瓜病虫害发生提供良好的环境条件。因此加强黄瓜病虫害记录也变得尤为重要。

在黄瓜栽培过程中第一次观察到问题时的病害、虫害都应及时记录下来,如发生时间、植株受害数量或密度、发病部位、目前所处生长状态、病虫害表现症状、种植者采取防治方法、使用药剂种类及用药量以及其他种植者认为的重要信息。病虫害记录表格可参考表9-2。

表9-2　病虫害记录

发病时间	检测到病虫害名称	病虫害发生率	植株生长期及受害部位	使用药剂名称	成分及配比	施用量	负责人	备注

4. 气候条件记录

不论是在露地还是棚室内种植黄瓜,都需要了解当地气候条件。连续低温阴雨天气会导致病害发生,温暖干燥的气候又给虫害流行提供温床。在种植黄瓜时日温、夜温、相对空气湿度是种植者需每日记录的基本气候信息,有条件者还应记录空气中 CO_2 相对浓度,遇到霜冻、阴霾、连续降雨和持续高温等特殊天气,还应记录天数、降雨量等信息。气候记录表格可参考表9-3。

表9-3　气候记录

日期	日温	夜温	相对湿度	备注

5. 产量记录和经济效益分析

当黄瓜第一次采收时应开始记录产量,包括每次采收日期、采收量、销售价格,到种植结束后可获得总收入金额,并结合之前记录的

农资、药剂和肥料支出情况，可计算出本季种植黄瓜最终盈利情况。产量记录表格可参考表9-4。

表9-4　产量记录

采收日期	采收量	销售价格	总收入

　　一套完整的农事记录可与之前的种植记录进行对比，不仅可以分析问题，更为重要的是可总结种植经验，为下次种植提供有力的数据参考。

二、认证

　　目前世界上有很多关于食品和农业的认证。如 HACCP（危害分析和关键环节控制点）、BRC（英国零售商协会）、IFS（国际食品标准）、GLOBALG.A.P（管理体系审核与产品认证）等。我国也有如 QS 标识（企业食品生产许可）、正、倒"M"连接标识（国家免检产品）等认证认可（图9-1、图9-2）。认证对于生产者和消费者来说均是一种保证。对于种植者来说，不仅保证他们的产品是在有记录可查且安全的情况下生产的，且不含对人体健康有害的化学残留，在生产过程中严格遵守相关法律法规，未对环境造成损害，更为重要的是可以提升自己产品的品牌价值，更具市场影响力。对于消费者来说看到认证标识可以确定所消费产品是绝对安全、健康的，可放心购买，安全食用。

图 9-1　蔬菜质量安全追溯田间记录本

图 9-2　企业食品生产许可标识

在中国农业产品认证中主要有无公害认证、绿色认证和有机认证3类（图9-3至图9-6）。三者区别除认证机构不同外，主要表现在种植产品时化学药剂使用限制情况。

无公害认证则要按照无公害农产品质量安全标准，对未经加工或初加工的食用农产品产地环境、农业投入品、生产过程和产品质量等环节进行审查验证,经评定合格后方可颁发无公害农产品认证证书。

绿色认证有 3 个显著特征:①强调产品出自最佳生态环境。②对产品实行全程质量控制。③对产品依法实行标志管理。

有机认证是在生产加工过程中绝对禁止用农药、化肥、激素等人工合成物质。

图 9-3 左为 A 级绿色食品标识,右为 AA 级绿色食品标识

图 9-4 国家免检超频标识　　图 9-5 无公害产品标识　　图 9-6 有机产品标识

第十章

环境卫生、废弃物和污染管理

　　不仅工业发展中产生的垃圾可以污染环境，农业生产中产生的垃圾也能对环境产生面源污染。与工业污染的排污口直接与水体相连不同，农业行为绝大多数是在土地上发生，污染排放也首先发生在土壤上，土壤中有机质含量连年下降，土壤结构破坏、质量下降，然后通过雨水淋溶进入水体。农业面源污染通常是指农田泥沙、营养盐、农药及其他污染物，在自然降水或灌溉中，通过农田地表径流、潜层流、农田排水和地下渗漏，进入水体而形成污染，尤其是过量的化学肥料、防治病虫害的化学药剂、燃烧废弃农资产生的废气等。

　　农业生产对于环境卫生要求是很高的，土壤、空气和生物多样性都应受到保护，健康的环境可以为种植出优良的作物提供条件。随着雾霾天气、水污染问题的日益严重，当前政府部门对于农业环境卫生愈加重视，禁止焚烧秸秆、农残垃圾循环利用等措施相继实施，一些新农村的面貌发生很大改观，但由于客观条件限制和农民不良生活习惯影响，不少村庄的环境卫生状况还是较差。

　　农村环境卫生状况差，且长时间得不到治理原因有以下几点。首

先，意识不到位，农户对环保重要性认识不到位，片面追求经济效益，缺乏可持续发展观念，忽视环境保护。其次，缺乏完善的监督管理体系，农村种植面积大，治理环境范围广，需多部门协作，治理费用高昂，且没有专业清洁人员和专业工具，久而久之形成脏乱差的景象。最后，垃圾种类不断增多，过去，农村中垃圾总量不多，垃圾中可循环或可分解的东西居多，随着生产的发展、消费水平的提高，养殖、生产、建筑垃圾迅速增加，而垃圾处理方法却停留在原始状态，不是随处堆放，就是烧掉或倒入河塘。针对上述问题，农业部总结治理经验，规划明确"一控、两减、三基本"的目标来治理农业污染。"一控"，是通过工程措施和节水技术措施实现控制农业用水的总量。"两减"，则是把化肥、农药的施用总量减下来，防止或者减少过度施肥和盲目施肥，同时，通过科技研发和政策补贴，使农民用上高效、低毒、低残留的农药。"三基本"，是针对畜禽污染处理问题、地膜回收问题、秸秆焚烧问题采取的有关措施，通过资源化利用的办法从根本上解决好这个问题。

在实际生产中，可以采取下列措施保护环境卫生。

（1）做好病虫源头控制，尽量不用或减少化学药剂的使用，用生物源药剂替代化学药剂防治病虫害。使用化学药剂时，要按照农药标签上的推荐剂量，不要随意加大用药量。

（2）使用常温烟雾机等高效施药器械，提高农药利用率，降低农药用量。

（3）施用充分发酵的腐熟有机肥作为底肥，不可过多施用含某种元素的化肥。

（4）给棚室加温时可选用太阳能等新型能源替代化石燃料。

（5）地膜、药剂包装等农业生产资料废弃物不可随意焚烧，应集中回收合理处置。

（6）使用滴灌、喷灌等新型节水装置合理灌溉，降低农业灌溉用水量。

（7）作物收获后植株残体应统一收集，采用辣根素堆沤等无害化处理措施，从源头控制病虫害发生（图 10-1）。

图 10-1 注射辣根素残体熏蒸处理

第十一章
安全生产与劳动保护

    一个高效高质量的黄瓜园区与工人的安全、技术水平等素质密切相关。要提高效率必须把安全放在第一位，在保障安全的基础上开展工作。工人的素质与黄瓜生产的产量、质量安全等密切相关，一个优秀的植保技术人员可以通过生态调控、物理防控等技术措施降低棚室中病虫害的发生程度，可以通过对病虫害发病规律的了解和简单的预测预报手段，及时科学地制定病虫害预防措施，使病虫害的为害降到最低，既保证了产量，又减少了农药的使用，保障了黄瓜的质量安全。一个优秀的技术工人实施合理正确的农事操作，可保证黄瓜正常旺盛的生长，提高生产产量。在农业生产中企业必须为工人提供安全的工作环境、有效的施药防护措施，进行专业的病虫害防治技术培训，采取规范化的管理，确保工人的身体健康，不断提高工人的植保技术水平，确保企业健康、良性的发展。

一、工人安全

（一）施药安全防护

1. 人员

配制和施药人员应身体健康，经过专业技术培训，具备一定的植保知识。严禁孕妇、老人、儿童、体弱多病者、经期、哺乳期妇女参与以上活动。施药人施药时应将农药标签随身携带。

2. 防护

根据农药毒性及施用方法、特点配备防护用具。施药人员应根据农药使用说明佩戴相应的防护面具、防护服、防护胶靴、手套等。

（二）农药施用后安全措施

1. 警示标志

在施过农药的地块要树立明显的警示标志。

2. 剩余农药处理

（1）未用完农药制剂：剩余或不用的农药应保存于原包装中，分类存放并密封贮存于上锁的地方。不得用其他容器盛装，严禁用空饮料瓶分装剩余农药。

（2）未喷完药液（粉）：在该农药标签规定用量许可的情况下，可再将剩余药液用完。对于剩余的少量药液，应妥善处理。

3. 废容器和废包装处理

（1）直接装药的药袋或塑料瓶用完时应清洗 3 次，清洗的水倒入喷雾器中使用，避免农药的浪费和造成污染。

（2）有条件的地区设置专门的回收箱，由政府部门定期回收。不能回收处理时，冲洗 3 次，砸碎后掩埋，掩埋废容器和废包装要远离水源和居所。

（3）废农药容器不能盛放其他农药，严禁用作人、畜饮用器具。

4. 清洁与卫生

（1）施药器械清洗：不应在小溪、河流和池塘等水源地清洗，洗刷用水要倒在远离居住场所、水源和作物的地方。

（2）防护用具的处理：施药作业结束后，要立即脱下防护服及其他防护用具，装入事先准备好的塑料袋中带回处理。

（3）施药人员清洁：施药结束后，要及时用肥皂和清水清洗，更换干净衣服。

（三）农药中毒现场急救

1. 中毒自救

（1）如果农药溅入眼睛内或皮肤上，应及时用大量清水冲洗；如果眼睛受到严重刺激，应携带农药标签前往医院处理。

（2）施药期间施药人员如有头晕、头痛、头昏、恶心、呕吐等农药中毒症状，应立即停止作业，离开施药现场，脱掉污染衣服并携带农药标签前往医院就诊。

2. 中毒者救治

（1）发现人员中毒后，应将中毒者放在阴凉通风处，防止受热或受凉。

（2）应带上引起中毒的农药标签立即将中毒者送至最近的医院进行救治。

（3）如中毒者出现呼吸停止，应立即进行人工呼吸。

二、技术培训

定期开展技术培训，积极组织工人参加农业部门组织的培训课程，例如田间学校，技术观摩培训等，邀请技术专家到园区指导，通过学习使技术人员掌握先进科学的植保和栽培技术知识。在植保方面要掌握黄瓜常见病虫害的识别与诊断，病虫害的发生发展规律以及科学的防治方法，掌握黄瓜病虫害的绿色防控技术，有很强的质量安全意识，防治好病虫害的同时要确保黄瓜的质量安全。栽培方面从温、湿度管理到浇水、施肥，再到打叶、授粉等，需要技术工人具有全面的技术。通过培训提高工人技术水平和素质，保证黄瓜的高效、安全生产，促进园区的持久发展。

参考文献

[1] 周玉，张玉华，严娟，等.夏秋黄瓜品种比较试验 [J].上海蔬菜，2012（4）：19-20.

[2] 李怀智.我国黄瓜栽培的现状及其发展趋势 [J].蔬菜.2003：8.

[3] 王田利.我国黄瓜生产的发展变化历程 [J].西北园艺：蔬菜专刊，2015（6）：4-6.

[4] 王娟娟.我国瓜菜产业现状及发展方向 [J].中国蔬菜，2017（6）：1-6.

[5] 安志信，孟庆良，刘文明.黄瓜的起源和传播初析 [J].长江蔬菜，2006.01：39-40.

[6] 舒迎澜.黄瓜和西瓜引种栽培史 [J].古今农业，1997，2：37-45.

[7] 柳臣.塑料薄膜大棚春黄瓜栽培技术 [J].吉林农业，2011（9）：132.

[8] 司旻星.黄瓜种质资源遗传多样性及亲缘关系分析 [D].上海，上海交通大学，2016.

[9] 李虹.中国黄瓜推广品种亲缘关系分析与特征特性 [D].哈尔滨，东北农业大学，2008.

[10] 王晓青，金红云，孙艳艳，等.20% 辣根素水乳剂土壤处理防治生菜菌核病效果研究 [M].中国植物病理学会 2015 年学术年会论文集.北京：中国农业出版社.

[11] 赵帅，袁善奎，才冰，等.300 个农药制剂对蜜蜂的急性经口毒性 [J].农药，2011，50（4）：278-280.

[12] 郑建秋.控制农业面源污染——减少农药用量防治蔬菜病虫实用技术指导手册 [M].北京：中国林业出版社，2013 年.

[13] 郑建秋.土壤熏蒸剂辣素替代农药 [J].江西农业，2015，4：56.

[14] 王永成，宋铁峰，张鹏.图说棚室黄瓜栽培关键技术 [M].北京：化学工业出版社，2014.

[15] 苗锦山.棚室黄瓜高效栽培 [M].北京：机械工业出版社，2016.

[16] 王铁臣，徐进，赵景文.设施黄瓜番茄实用栽培技术集锦 [M].北京：中国农业出版社，2014.

[17] 郑建秋.现代蔬菜病虫鉴别与防治手册 [M].北京：中国农业出版社，2014.

图书在版编目（CIP）数据

黄瓜作物的良好农业规范 / 王胤 , 曹金娟 , 张艳萍主编 . —北京 : 中国农业科学技术出版社 , 2018.12
  ISBN 978–7–5116–3875–5

Ⅰ . ①黄… Ⅱ . ①王… ②曹… ③张… Ⅲ . ①黄瓜 – 蔬菜园艺 Ⅳ . ① S642.2

中国版本图书馆 CIP 数据核字（2018）第 208582 号

责任编辑	张志花
责任校对	马广洋

出 版 者	中国农业科学技术出版社
	北京市中关村南大街 12 号　　邮编：100081
电　　话	（010）82106636（编辑室）　　（010）82109702（发行部）
	（010）82109709（读者服务部）
传　　真	（010）82106631
网　　址	http://www.castp.cn
经 销 者	各地新华书店
印 刷 者	北京科信印刷有限公司
开　　本	148mm×210mm　1/32
印　　张	3.5
字　　数	90 千字
版　　次	2018 年 12 月第 1 版　　2018 年 12 月第 1 次印刷
定　　价	58.00 元